# 密度分层环境下
# 内波造床作用模拟研究

徐 津 王玲玲◎著

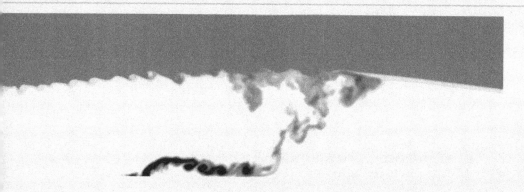

MIDU FENCENG HUANJING XIA

NEIBO ZAOCHUANG ZUOYONG MONI YANJIU

河海大学出版社
HOHAI UNIVERSITY PRESS
·南京·

**图书在版编目(CIP)数据**

密度分层环境下内波造床作用模拟研究 / 徐津,王玲玲著. -- 南京:河海大学出版社,2023.3
　ISBN 978-7-5630-8214-8

　Ⅰ. ①密… Ⅱ. ①徐… ②王… Ⅲ. ①内波—研究
Ⅳ. ①O353.2

中国国家版本馆 CIP 数据核字(2023)第 065530 号

| | |
|---|---|
| 书　　名 | 密度分层环境下内波造床作用模拟研究 |
| 书　　号 | ISBN 978-7-5630-8214-8 |
| 责任编辑 | 杨　雯 |
| 特约校对 | 阮雪泉 |
| 封面设计 | 张育智　刘　冶 |
| 出版发行 | 河海大学出版社 |
| 地　　址 | 南京市西康路 1 号(邮编:210098) |
| 电　　话 | (025)83737852(总编室)　(025)83722833(营销部) |
| 经　　销 | 江苏省新华发行集团有限公司 |
| 排　　版 | 南京布克文化发展有限公司 |
| 印　　刷 | 广东虎彩云印刷有限公司 |
| 开　　本 | 718 毫米×1000 毫米　1/16 |
| 印　　张 | 11.25 |
| 字　　数 | 163 千字 |
| 版　　次 | 2023 年 3 月第 1 版 |
| 印　　次 | 2023 年 3 月第 1 次印刷 |
| 定　　价 | 68.00 元 |

# 前　言

内波是一种分层水体中常见的内部波动现象,内波波长大,周期长,对分层水体环境有着显著的影响。内孤波在传播过程中对底部地形的干扰较为敏感,遇到底部山脊地形或者由深水区传至浅水区时,内孤波将发生剪切不稳定而破碎。该过程会加剧分层水体的混合、底部沉积物的再悬浮,因而具有一定的造床作用。陆架地区具有丰富的沉积物、矿物、石油等资源,是资源开采的重点区域,由于资源开发的需要而建设有大量的立管、埋管等开采结构物,柱体受力及桩基冲淤对工程结构安全至关重要。因此,开展内孤波的造床作用以及对桩柱等结构物稳定与安全性影响研究具有重要意义。

本书基于传统的泥沙研究经验公式,结合最新发展的 MPI 并行技术、直接数值模拟方法、浸没边界法等数值模拟技术,采用欧拉法建立泥沙起动、输运、沉降的数学模型,运用动态浸没边界法技术实现了定网格下动态河床界面的实时捕捉,形成完备的水流输沙动床的直接数值模拟模型,并利用该模型模拟研究了内孤波对不规则地形上的桩基局部冲淤过程与造床作用,揭示了内孤波对圆柱型桩基局部的造床机理。本书主要内容及成果包括:(1)基于泥沙起动和输移理论,采用泥沙输移的欧拉模型,结合动态浸没边界法,建立了包含内波、泥沙、桩基冲淤的三维动床直接数值模拟模型,实现了定网格下非恒定床面边界的动态模拟。(2)提出了具有质量守恒性和临界坡保护性的河床调整算法(SBAM)和切割平面法(SPM)。避免了传统数值方法引发的床面过度侵蚀和矩形离散导致的床面局部失真问题,保证了数值计算的稳定性,提高了动床直接数学模拟模型的精度。(3)通过对内孤波标量输运规律和桩柱周围水流结构的分析,揭示了不规则地形上内孤波诱导的桩基局部冲刷坑演化机理。内孤波破碎前的逆波向流速带引发柱基局部泥沙大量起动,而内孤波破碎后柱基整体呈淤积趋势。

本书第1章主要介绍了内孤波的基本内容、桩柱局部冲刷的研究动态以及泥沙输运研究方法，并概要总结了本书的内容。第2章包括数值模拟模型基本理论、数值求解方法，详细阐述了作者提出的可提高动床床面跟踪精度的数值模拟算法，包括河床矫正算法以及切割平面法。第3章开展纯流工况下桥墩局部冲刷的直接数值模拟研究，旨在得出纯流条件下局部冲刷产生机理。第4章研究了非线性作用下内孤波对标量的输运特征，总结内孤波爬坡破碎过程中对标量浓度的输运规律。在此基础上，第5章研究分析内孤波对不规则地形上桩基局部造床作用，总结了局部造床作用规律，并阐释其机理。第6章为本书的研究总结、创新性成果以及展望。

本书总结了作者近年来在分层流内波与床面泥沙冲淤方面的研究成果，旨在为致力于大体积分层水体研究的学者及研究生提供一本关于内波及其造床机理与物质输移模拟的参考书。本书的研究工作得到了国家自然科学基金"分层环境中浮力射流与界面动力结构作用机制研究"(51879086)、"分层强剪切内波环境中柱体失稳机理研究"(51479058)以及水文水资源与水利工程科学国家重点实验室基本科研业务费自主研究项目"界面动力结构作用机制及其环境效应研究"(20185044412)等项目的支持，写作过程中，还得到兄弟院校同行专家、学者的帮助，在此表示衷心感谢。

限于作者水平，书中难免存在不妥之处，敬请读者批评指正。

# 目　录

## 第 1 章　绪论

## 第 2 章　三维水沙动床数学模型建立方法

# 第4章　非线性作用下内孤波对标量的输运规律

# 第5章　内孤波对斜坡上桩基的造床作用

# 第6章　结论与展望

# 主要符号目录

$A_w$:内孤波波幅(m)

$a$:距离河床的参考高度(m)

$a_p$:调整算法中含临界坡的坡比系数

$b_p$:调整算法中不含临界坡的坡比系数

$C$:悬移质浓度(kg/$m^3$)

$Ca$:参考高度位置处的参考悬移质浓度(kg/$m^3$)

$C_f$:压力系数

$c_0$:KDV 方程中的线性波速(m/s)

$c_1$:KDV 方程中的非线性系数($s^{-1}$)

$c_2$:KDV 方程中的色散系数($m^3$/s)

$c_w$:内孤波波速(m/s)

$D$:圆桩柱直径(m)

$D_i(x)$:浸没边界法中的分布函数

$D_j$:射流口直径(m)

$d_{50}$:泥沙的中值粒径(m)

$e$:最大冲刷坑相对深度

$e_t$:$t$ 时刻冲刷坑的最大深度(m)

$E$:冲刷坑达到平衡时的最大冲刷坑深度(m)

$F_i$:流体所受体积力的张量表示($i=1,2,3$)[kg/($m^2 \cdot s^2$)]

$F_i'$:动量方程中源项的张量表示($i=1,2,3$)(m/$s^2$)

$f_i$:浸没边界法中的虚拟源项(m/$s^2$)

$H$:桩柱局部冲刷中的实际过流水深(m)

$h$:水槽总水深(m)

$h_1$:两层流体模型中上层流体水深(m)

$h_2$:两层流体模型中下层流体水深(m)

$I(x)$:浸没边界法中的插值函数

$k$:标量的扩散系数$(\mathrm{m}^2/\mathrm{s})$

$L_1$:内孤波在斜坡的破碎位置与坡脚间的水平距离$(\mathrm{m})$

$L_D$:桩柱中心与坡脚的水平距离$(\mathrm{m})$

$L_p$:河床调整算法中 $p$ 坡的水平跨度$(\mathrm{m})$

$L_w$:内孤波的积分波长$(\mathrm{m})$

$N(x)$:紧贴于 $x$ 点周围的网格点集合

$p$:流体压强$(\mathrm{Pa})$

$p\,(x_1,x_2,x_3)$:具体某点的流体压强$(\mathrm{Pa})$

$\bar{p}$:标量网格处的流体压强$(\mathrm{Pa})$

$Q_i$:某面的标量通量的张量表示$(\mathrm{m}^2/\mathrm{s})$

$Q(q_+,q_-)$:调整算法中统计 $a_p$ 的有序数对

$q$:体积函数

$R(r_+,r_-)$:调整算法中统计 $b_p$ 的有序数对

$r$:距桩柱中心 O 的相对距离

$S$:内孤波爬坡的斜坡地形坡度

$S'$:标量输运方程中的标量源项$(\mathrm{s}^{-1})$

$S_{Cb}$:仅在河床底部存在的单位面积上的边界源项$\left[\mathrm{kg}/(\mathrm{m}^2\cdot\mathrm{s})\right]$

$s$:沙粒的相对密度

$T^*$:无量纲时间。在圆柱绕流算例中定义为 $tU_0/D$,在桩基局部冲刷研究中定义为 $\log\,(tU_0/D)$。在内孤波对标量输运的研究中定义为 $(t-t_0)/t^*$,其中 $t^*=h_s/c_wS$。

$t$:时间$(\mathrm{s})$

$u_i$:流速分量的张量表示$(i=1,2,3)(\mathrm{m}/\mathrm{s})$

$u_i(x_1,x_2,x_3)$:流速在具体某点的张量表示$(i=1,2,3)(\mathrm{m}/\mathrm{s})$

$u$:笛卡尔坐标系 $X$ 方向流速$(\mathrm{m}/\mathrm{s})$

$u_0$:水槽 $X$ 方向平均流速$(\mathrm{m}/\mathrm{s})$

$u_{\sigma}{}^*$:泥沙起动的临界摩阻流速$(\mathrm{m}/\mathrm{s})$

$u_n$:曲面法向流速$(\mathrm{m}/\mathrm{s})$

$u_t$:曲面切向流速$(\mathrm{m}/\mathrm{s})$

$u_{\tau}$:底部摩阻流速$(\mathrm{m}/\mathrm{s})$

$v$:笛卡尔坐标系 $Y$ 方向流速$(\mathrm{m}/\mathrm{s})$

$V_{jet}$:射流出口平均流速(m/s)

$w$:笛卡尔坐标系 $Z$ 方向流速(m/s)

$w_s$:泥沙在水中沉降速度(m/s)

$x_i$:笛卡尔坐标系下坐标位置的张量表示($i=1,2,3$)(m)

$x_c$:圆型桩柱的轴线坐标(m)

$x_n$:某平面的法向坐标(m)

$\bar{x}_i$:交错网格下的标量网格坐标的张量表示($i=1,2,3$)(m)

$x_i(x_1,x_2,x_3)$:位置在具体某点的张量表示($i=1,2,3$)(m)

$x$:笛卡尔坐标系 $X$ 方向坐标(m)

$y$:笛卡尔坐标系 $Y$ 方向坐标(m)

$y_b$:桩柱局部冲刷研究中的河床高程(m)

$y_{b0}$:桩柱局部冲刷研究中的初始河床高程(m)

$y_P$:河床调整算法中 $P$ 点初始的河床高程(m)

$y_P{}^i$:河床调整算法中 $P$ 点 $i$ 调整阶段后的河床高程(m)

$\Delta y_P$:河床调整算法中 $P$ 点第一阶段的河床调整高度(m)

$\Delta y_P{}^i$:河床调整算法中 $P$ 点第 $i+1$ 阶段的河床调整高度(m)

$z$:笛卡尔坐标系 $Z$ 方向坐标(m)

$z_b$:通用河床高程(m)

$z_c$:圆型桩柱的轴线坐标(m)

$\alpha$:河床孔隙率

$\alpha_s$:恢复饱和系数

$\Gamma$:温度(K)

$\gamma$:迎流角(°)

$\delta_{ij}$:爱因斯坦求和约定中的置换函数

$\varepsilon_{ijk}$:张量计算的置换符号

$\rho$:流体密度(kg/m³)

$\rho_1$:两层流体模型下上层流体密度(kg/m³)

$\rho_2$:两层流体模型下下层流体密度(kg/m³)

$\rho_s$:泥沙密度(kg/m³)

$\nu$:流体运动粘度(m²/s)

$\tau$:河床切应力(Pa)

$\tau_{cr}$:泥沙起动的河床临界切应力(Pa)

$\varphi$:泥沙的水下临界休止角(°)

$\kappa$:冯卡门常数

$\Omega_i$:涡量的张量表示$(i=1,2,3)(\mathrm{s}^{-1})$

$\theta$:Shields 数

$\eta$:两层流体的内界面的位移(m)

$\Psi$:标量通用表示

$\overline{\Psi}$:标量网格节点处的标量

# 第 1 章

# 绪 论

# 1.1 密度分层环境下的内波

## 1.1.1 内波概述

表面波作为发生在水和空气交界面处的波随处可见,其对水中桩基稳定、河口泥沙冲淤有着重要影响[1]。相比之下,内波作为一种密度分层水体中内部的波动现象,常常被人忽略。一般而言,内波的形成需要两个必备的前提条件:其一是水体存在稳定的密度分层;其二是水体在某时刻受到扰动[2]。在深水水库、湖泊和海洋中,水体常常会由于深度方向上温度和盐度的不同,产生密度分层现象。而上层密度大、下层密度小的分层水体由于自身的重力不稳定会迅速混合,因此,这种分层水体在自然界中并不多见。相反,下层密度大、上层密度小的分层则相对稳定,这种分层也在现实中较为常见。无论是何种分层水体,都对外界的干扰很敏感。水面的风、星体的万有引力以及航行的船舶等扰动均会使已经层化的分层水体不稳定,进而可能产生内波。因此,内波虽不易被肉眼观察到,但广泛存在于海洋和深水湖库中,例如我国南海就存在大尺度的内孤波,其诱导的流速在波包处约有 2 m/s,最大振幅接近 160 m,持续时间至少为 10 分钟[3]。

### 1.1.1.1 内孤波的定义、传播与破碎

具有单个波包且具有较强粒子特性的内波,被称为内孤波或内孤立子[4]。内孤波的波幅、波速、波长等要素与分层水体的密度大小、密度跃层位置有关[5]。内孤波不仅具有内波的基本特性,还具有一些特有的性质。通常情况下,一种分层水体所产生的具有特定波幅的界面内孤波,其稳定波形是唯一的。且在无底部地形变化等外界因素的干扰条件下,内孤波在传播过程中能量耗散小,具有弱耗散性[6]。内孤波的上述传输特性是重要的研究热点。内孤波可以根据不同分类标准分成下述几类:从形态上分,内孤波可分为上凸内孤波和下陷内孤波;从非线性强弱分,内孤波可分成非线性较弱的 KDV 波、非线性稍强的 eKDV 波和非线性较强的 MCC 波[7]。

内孤波在传播过程中对底部地形变化的干扰较为敏感,在其传播过程中遇到底部大型山脊地形或者其由深水区传至浅水区时,内孤波将发生剪切不稳定而破碎。类似于表面波,内孤波在斜坡地形上的破碎类型可用 Ir 数来划分[8],主要有卷跃型破碎、坍塌型破碎、分裂型破碎和上涌型破碎。无论是何种破碎,内孤波都会在破碎过程中释放大量的能量。这些能量以漩涡的形式存在于水体中,并不停地与底床相互作用直至最后耗散,整个能量传递和耗散的过程会加剧分层水体的混合、底部沉积物的再悬浮、底部营养物与上层水体的交换。总体而言,内孤波的破碎具有很强的非线性,水流掺混剧烈、流动复杂,已有的理论无法完全描述其破碎特性,且由于其所伴生的环境影响,使内孤波破碎的研究具有重要的理论意义和工程实用价值。

### 1.1.1.2　内孤波对桩柱稳定性的影响

不仅破碎的内孤波对水体环境有重大的影响,频发的内孤波对水中结构物的安全也有巨大的威胁。已有研究表明,内孤波对桩柱的作用力和力矩,均远大于表面波[9],而内孤波通过对深海立管的剪切作用,可以使立管产生 10 倍于其直径的变形位移[10]。但是,这仅仅是内孤波在传播过程中对结构物的剪切影响,当内孤波发生破碎时,其释放的能量远大于传播过程中释放的能量,将对结构物有更大的威胁。陆架地区由于具有丰富的沉积物、矿物、石油等资源,成为热门的资源开采区[11]。因此,陆架地区往往建设有大量的立管、埋管等结构物。另一方面陆架地区由于其自身的地形特点,一直为内孤波破碎的高发地带[12]。因此,有必要开展内孤波对陆架带斜坡地形上桩柱安全的影响研究。

目前,研究者对水中桩柱的稳定性研究一般可分为三个方面:受力研究、失稳研究、桩基研究。受力研究,就是通过桩柱表面的水压力计算桩柱所受的合力以及合力矩,进一步分析最危险截面所受的应力是否满足桩柱材料本身抗压、抗弯和抗剪等要求。失稳研究,一般是在桩柱处于周期性波浪、潮汐等容易产生失稳破坏的情形下需要考虑的研究,主要针对比较大的细长桩柱,或者共振频率和来流频率接近亦或来流频率范围很广的情况。桩基研究,则更多着眼于桩柱所处河床的安全。河床表面由于水流作用而受到一定的剪切,而水流流经桩柱会产生绕流现象,加剧桩基附近的剪切力,进而产生局部冲刷。严重的桩基局部冲刷会导致桩柱失去原本的埋深,使桩柱无法承受荷载而破坏。由桩基局部冲刷而产生的桩柱破坏在天然河道中比较常见,例如詹磊[13]、张胡[14]等人的研究均表明了局部冲刷对桩基的危害。由于陆架地区的沉积物普遍较厚，且沉积物的固结尚不完全，更容易在桩柱局部流场的影响下产生变形[15]。

因此，本书旨在研究内孤波在斜坡上破碎时所导致的环境影响，并进一步研究内孤波在破碎过程中对桩基局部沉积物的输运和冲刷现象。

## 1.1.2　内波基础理论研究现状

自 Nansen 在 1893 年发现海洋内波以来，研究者一直采用各种方式研究内波，力求从理论上刻画内波的性质[16]。由于内波发生于水体内部，不像表面波那样容易观测，且由于分层水体中存在浮频率等特定的参数，内波的运动状态远比表面波复杂，因此，内波的理论研究进展比表面波相对缓慢。内孤波理论的研究方法主要有实地观测、理论分析、实验验证等。

### 1.1.2.1　内波的实地观测

随着海洋工程的建设，温度传感器技术的推广，内波在 20 世纪 60 到 70 年代开始逐渐被人们所关注和了解[17]。1965 年 Perry 和 Schimke 发现在深 1 500 m 的安达曼海洋里，在距离水深 500 m 处存在温跃层和波幅近 80 m、波长约为 2 000 m 的内波群[18]。Osborne 和 Burch 随后通过研究指出，这些内波群主要来自几百千米外的苏门答腊海岸线，是由于潮汐通过安达曼和尼科巴群岛而激发的[19]。不仅是在海岸附近，在 20 世纪六七十年代间，Ziegenbein[20]、Halpern[21]、Haury[22] 等人在海湾中也发现了内波。除此之外，Thorpe[23]、Hunkins 和 Fliegel[24] 等人在尼斯湖、塞尼卡湖等深水湖泊中同样观测到内波的存在。特别值得关注的是，Ziegenbein 在直布罗陀海峡中观测到的内波，实质上是具有单个波包的一个完整的内孤波，这一观测为之后内孤波理论的发展提供了可靠的依据[25]。

随着科学技术的发展，遥感技术作为一项新兴技术，也被广泛应用于内波观测中，对内波的观测和研究起到重大作用。1969 年，Ziegenbein 通过分离海洋雷达中短波的遥感数据，监测到了内波的存在[20]。1975 年，Apel 通过分析资料发现在非洲西南海岸存在波幅较大的内波群[26]。该发现也为 SEASAT 遥感卫星的数据所证实，卫星数据还表明，在该地区常常会出现大量的内波[27]。Fu 和 Holt 通过对加利福尼亚湾的遥感卫星图的分析发现，当分层水体随潮汐运动，经过较陡较深的河床地形时，会演化出至少 8 个内波包，这些内波包随后传至东南浅海区域,逐渐耗散。在遥感技术的帮助下,Fu 等人成功观察到了内波形成、发展、传播、耗散的完整过程。

1998 年,Stanton 和 Ostrovsky 在俄勒冈州陆架上发现了一个与众不同的内波,该内波所处分层水体的上层水体水深仅有 7 m,而其波幅却有 20 m 至 25 m[28]。2004 年,Duda 在中国南海内波的观测中,发现在上层水深为 40 m、总水深为 340 m 的分层水体中存在波幅为 150 m 的内波。这些内波的运动规律和演变过程相较之前发现的内波有明显的区别[29]。从理论上看,之前发现的内波大多为弱非线性内波,而这些内波都属于非线性较强的内波。

总体而言,内波广泛存在于海洋、湖泊等分层水体中,波长长,波幅大。研究者通过遥感卫星、温度传感器等手段观测内波的产生,证实内波的存在,监测内波的传播和耗散。观测的结果表明,自然界中存在的内波大多属于弱非线性,但是在斜坡等特殊地形上还存在着非线性较强的内波。

### 1.1.2.2 内波数学模型的发展

内波的数学模型可以按照内波非线性强弱的程度,以及所应用的分层环境进行分类。

(1)弱非线性理论模型

弱非线性理论中,KDV 方程(或 KDV 理论)是其中的典型和基础,是描述内孤波特性的主要理论模型。KDV 方程是在内孤波的耗散率和非线性都是小量的假设下,由内波的控制方程简化而得[30],用该方程描述的内波必须具有波长远大于水深的特点[31]。在这个假设下,1975 年,Ono 等人将弱非线性理论成功应用于无限深的水域中[32];1978 年,Kubota 等人将该理论使用在有限水深的水域中[33]。但是 KDV 理论所能计算的波幅范围太小,一般要求波幅最大不能超过水深的 1%,这使得该理论难以推广到实际应用中。因此,Lee[34]、Djordjevic[35]、Kakutani[36] 等人先后在 KDV 方程中加入三阶非线性项,形成 eKDV 方程,以加强该方程对内波存在的非线性的刻画,最终形成 eKDV 理论。随后 Miles 等人建立了方程中系数与实际分层水体中各物理量之间的关系,进一步推动 eKDV 方程的发展[37]。针对方程中各个系数,Grimshaw 从理论和实验的两个角度论证了其物理含义,以及其对内波形态、传播性质等各方面的作用[38,39]。eKDV 方程由于是在 KDV 方程的基础上增加了一项,因此在使用时依旧需要小振幅和弱耗散的假设,只是相比 KDV 方程,eKDV 方程能够降低这种假设在大振幅情况下的误差，从而能模拟波幅稍大的内波[40]。Grimshaw 通过研究认为，eKDV 方程可以模拟波幅与水深比值为 5% 以内的内波，比 KDV 方程可模拟的最大模拟波幅大了约 5 倍[41]。

（2）长波模型

限于弱非线性理论仅适用于小振幅内波[42]，研究者开始研究新的理论模型来模拟大振幅内波。1985 年，Miyata 等人在 eKDV 理论的基础上提出长波模型，用以模拟非线性较强的内波[43]。该模型假设内波所处的分层水体为严格的两层，即密度跃层的厚度可以忽略不计，并且进一步认为内波具有一定的非线性。Choi 等人在长波模型的假设上，从浅水方程中推导出 Miyata-Choi-Camassa 方程，即 MCC 方程，用以描述完全非线性内波[44]。MCC 理论表明，随着内波的波幅增大、非线性增强，内波波包逐渐变宽，波速与波幅比值逐渐变小。Michallet 等人通过研究发现，MCC 理论结果和其物理实验结果稳合较好，尤其是在非线性较强的内波工况下，实验结果和理论结果基本一致[45]。Ostrovsky 运用实测资料研究非线性内波的演化，最终认为 MCC 理论可以准确地刻画非线性内波的传播和发展，理论结果与实测资料吻合[46]。这些研究都说明了 MCC 理论可以描述非线性内波的传播。但是，MCC 方程对计算的条件要求很苛刻。Jo 等人的研究表明，MCC 方程在模拟波数较多的内波时，极易产生 Kelvin-Helmholtz 不稳定现象。不仅如此，当采用离散的方式求解 MCC 方程时，如果离散精度过高，计算收敛的稳定性对初始条件选取的要求很高，一般情况下很难使计算收敛[47]。正是这种数学上的收敛困难，导致 MCC 模型在内孤波的研究中受到很大的限制，Michallet 指出，在强非线性的条件下，MCC 方程几乎没有内孤立波解[45]，该结论也进一步强调了 MCC 是基于长波模型假设而得出的结果。Ostrovsky 和 Grue 采用理论分析方式，将 MCC 方程中对内波有非线性效应的项单独剥离，并借鉴 KDV 方程的形式，将其导入 KDV 方程中，得到了改进 MCC 方程组[46]。这个方程组不仅和原 MCC 方程一样可以描述非线性内波，还弥补了 MCC 方程求解不收敛的缺陷，是目前长波模型中较为完善的理论。

（3）完全非线性模型

当采用欧拉方程和 N－S 方程直接模拟内波时，就无需再考虑内波是否具有强非线性的假设，因此，这些模型就被称为完全非线性模型。完全非线性模型虽然可以模拟各类内波、内孤波的生成与传播,但是其初始条件较为苛刻,必须满足物理事实。此外,该模型首先要先考虑分层水体的分层特点。其中较为简单的水体分层模型为两层模型,即水体分为两层,上层水体和下层水体之间有明显的密度跃层,且密度跃层较薄,整体的密度分布呈现阶梯状[48],密度跃层处产生的内孤波也称为界面内孤波。Pullin[49]和 Turner[50]等人均成功采用两层模型刻画分层水体,研究内孤波的生成和传播。两层模型所描述的分层简洁且具有鲜明的特点,因此常常被用于内孤波的数值模拟研究中[51]。

(4) 密度连续变化背景下的内波模型

除界面内孤波的研究外,还有大量研究者研究密度连续变化的分层水体中的内波。Long 在密度连续分层的水体的背景下,发现了满足(Dubreil-Jacotin-Long) DJL 方程的内孤立波[52]。随后,Benjamin[53]、Vandenbroeck [54]、Tung[55]等人均先后在深水环境中发现了二模态的内波。Turkington[56]和Brown[57]等人基于观测资料,对一模态的内孤波和二模态的内波进行了详尽的分析,认为高模态的波是连续密度分布的深水分层水体中常见的现象。在连续密度分层的水体中,不像两层模型那样有明显的界面,内波容易产生不稳定现象,Lamb 通过研究归纳如下[58]:当密度跃层厚度较大、离自由表面较远,且近表面水体密度梯度几乎为 0 时,内孤波的波幅大小会受到限制,波幅较大的内波会不稳定。此外,Lamb 还指出,内孤波无法在 Richardson 数较小的情况下稳定发展。Fructus 等人的研究发现了另外一种内波的不稳定现象:当下凹内孤波的波幅上下处的垂向密度梯度沿程不均匀时,会导致波幅处质点速度和波速的不一致,进而内波会产生破碎、反转等不稳定现象[59]。Lamb 进一步研究内波在分层水体剪切流背景下的稳定条件,发现内波的特性对剪切流的强度很敏感,当剪切流强度过大,或者剪切流形成的涡量(在 Lamb 研究中被称为紊动核心)在内波波包附近时,内波波幅会受到剪切流的抑制,易发生不稳定现象[60]。

总体而言,尽管实际观测表明,自然界中存在非线性较强的内波,然而绝大部分的内波都是弱非线性的,因此,基于弱非线性假设的 KDV 理论被广泛应用于内波的研究中。用 KDV 理论研究内孤波,即将复杂控制方程研究转换为研究相对简单的 KDV 方程,大大降低了内孤波的研究难度,缺点是仅能研究小振幅内波,当内波振幅过大时使用 KDV 理论模拟内波的精度较低。相比之下,完全非线性理论能够成功模拟大振幅非线性内波,但是,该理论往往对内波的初始条件要求较高,难以应用到实际。运用欧拉方程或 N-S 方程不仅可以刻画非线性内波的传播,还能描述其破碎,与底部发生作用等复杂的动力现象,但是往往需要足够的计算精度,消耗大量的计算时间。就目前而言,随着计算机技术的发展,采用 N-S 方程和欧拉方程模拟内孤波的方式正逐渐推广。该模型没有任何关于内波的假设或近似,可以应用于模拟的内波范围较广,并能模拟内波的破碎、剪切破坏等非线性较强的现象,成为研究内孤波复杂形态的良好工具。

### 1.1.2.3　内波理论的实验验证

随着内波理论的发展,研究者开展大量实验研究分析内波的特点。Koop 和 Butler 建立物理模型水槽,研究了在深水情况下弱非线性内波的传播,研究结果表明,KDV 理论与实验结果符合较好[61]。Grue 等人固定上下层水深比,进行了一系列不同波幅的内波传播实验,发现当波幅与上层水深比小于 0.4 时,KDV 理论结果与实验结果符合很好,然而当波幅更大时,KDV 理论的内孤波与实验比在波速和波长上都有误差[62]。这些实验都说明了 KDV 理论仅能模拟小波幅内波[63]。Michallet 将 eKDV 理论结果和实验结果进行对比,发现 eKDV 可以用于模拟内孤波波幅相对较大的情况,与理论研究的结论一致[45]。除此之外,Michallet 等人的研究还表明,在分层水体为两层的情况下,理论模型和实验互相吻合比连续密度分层工况下更好。

Vandenbroeck[54]、Maxworthy[64]、Andrew[65] 等人采用实验研究的方式研究深水工况下二模态内波的生成和传播,发现在小振幅情况下 Benjamin-Ono 理论(BO 理论)结果和实验结果基本一致,然而在大振幅情况下 BO 理论的内波能量耗散远大于实验结果。总体而言,小振幅内波的实验结果和理论结果较为相符,而在大振幅情况下,内波在实验中常常会发生理论上无法预测的破碎和耗散,这种大波幅内波的不稳定不仅增加了实验研究时工况设计的难度,也对测速仪、密度仪等设备提出更高的精度要求[66]。

## 1.1.3　内波生成、演化与耗散过程研究

### 1.1.3.1　内波的生成与非线性作用

早期的观测资料表明,潮汐是产生海洋内波的主要原因[21]。Lee 和 Beardsley 对内波产生的研究开展了大量的物理实验和数值实验,最终内波在

自然界中生成的过程归纳成如下三步[34]：首先是地形阻塞作用使内界面局部产生倾斜和壅高，随后内界面进一步变陡，两侧产生的较大压差使得内界面极不稳定，最后在非线性和耗散性的影响下形成波包，向外传播。Maxworthy 基于实验进一步研究潮汐对海洋内波产生的作用，最终认为当潮汐方向改变时，海岸对水流的作用会激发出许多模态的内波，这些内波有的由于分层水体在海岸陆架的混合而耗散，有的则被潮汐带入深海，发展成海洋内波[67]。Grim-shaw 和 Smyth 将小振幅非线性内孤波的生成加入 KDV 方程中，形成内孤波生成和传播的统一数学模型[68]，Melville 和 Helfrich 采用相同的方式修改 eK-DV 方程，以模拟内孤波传播中所遇到的非线性效应，并进行物理实验研究，捕捉两层分层水体中的内孤波传过底部地形时内孤波形态，将其与理论结果进行比较[69]，研究表明物理实验结果和理论结果存在较大的差距。Melville 认为这是由于实验中内波振幅受非线性影响过大，超出了 eKDV 理论中的非线性估计范围所导致的不一致，而 Grue 等人在数值模拟中采用完全非线性模型对内波的传播进行模拟时，成功刻画了内孤波传过底部地形的现象，和 Melville 的实验结果相一致[70]。

除此之外，底部地形对内孤波的非线性影响也可能诱发内波。Farmer 和 Armi 在加拿大的奈特湾中观测内孤波与海底山脊的作用过程。卫星遥感图表明，在底部山脊的作用下，内孤波会产生剪切不稳定，分裂出许多尾波[71]。Stastna 和 Peltier 建立准恒定水动力模型，模拟底部地形对内波的非线性影响，并将数模结果和奈特湾的实测资料进行对比，发现底部地形会不断激发小振幅的内波[72]。Grimshaw 通过研究认为，如果分层水体是均匀分层的，则底部地形对内孤波的三阶非线性影响是诱发内波的关键[73]。

### 1.1.3.2　内波的演化

一般而言，实测资料所观察到的非线性内波都经过较长时间的演化，波幅和波长都趋于稳定。由于不稳定的内波和稳定的内波具有迥然不同的物理特性，了解自然界中内孤波从产生到稳定所需要的时间对内波研究具有重大意义。在 1978 年，Hammack 从非恒定角度研究了表面 KDV 波的传播速度和演化时间[74]，Miles 则对 KDV 型表面波的演化研究进行了详细的总结[75]。随后在 1984 年，Helfrich 将其理论延伸至内波[76]。根据 Helfrich 的 KDV 理论的研究成果，内孤波经演化达到稳定的时间与总水深、波速、内孤波波幅等物理量有关。自然界中内孤波的演化时间量级在几十到几百小时左右,其演化过程中的传播距离均要几十至几百千米。例如根据 Halpern 在 1969 年对密西西比河的观测结果,内波的演化时间约为 14 小时,传播距离为 30 千米[21],而 Osborne 观测到安达曼海中的内波演化时间达 140 小时,相应传播的距离也有 1 200 千米[19]。在自然界中,常见的影响内波传播和演化的客观因素主要有:底部地形、水体分层特性、地球自转等。

Knickerbocker 等人通过改变 KDV 方程中的系数,设计了大量小振幅内孤波爬坡工况,研究发现内孤波在爬坡的过程中会产生一系列与内孤波流向相反的尾波,随着内孤波的爬坡,内孤波波谷处所处水体的上下层水深比逐渐趋向于1,内孤波的性质也随之发生改变,从原本的下陷内孤波转变成上凸内孤波[77]。这就是内孤波的极性反转现象。一般而言,内波的极性反转必要条件是在内波传播过程中,分层水体的上下层水体水深比由原本的小于1变为大于1或者相反,因此分层水体上下层水深比为1的情况就被称为临界情况或者内孤波极性反转的临界点[78]。极性反转现象往往发生在下陷型内孤波爬坡的过程中,一方面因为自然界中绝大部分分层水体的密度跃层处于水体上部,即下层水深大于上层水深,所以下陷型内孤波存在较广[79];另一方面,随着斜坡地形发展,床面底部高程上抬,下层水深逐渐减小直至小于上层水体水深,从而达到内孤波极性反转的必要条件[80]。针对内孤波的极性反转,Akiosun 针对极性反转现象进行理论研究,估计极性反转后在陆架上传播的内孤波的波速和波幅[81]。由于上凸型内孤波在海洋中存在较少,因此对其传播演化的研究比下陷内孤波少。Klymak 和 Moum 在俄勒冈州海岸监测到上凸内孤波,表明上凸内孤波可以存在于海岸等浅水区域[82]。

1978 年,Ostrovsky 考虑到地球自转对内波的影响,在原来的 KDV 方程中加入自转影响,得到有旋背景下的弱非线性内波[83]。Odolu 进一步考虑在 Kadomtsev 和 Petviashvili 方程中[84](KP 方程)中加入地球自转效应,模拟了在自转效应影响下,有限二维水域内的内波。更进一步,Leonov 基于理论分析认为,由 KDV 方程得到的内孤波仅在地球自转下无法永久稳定,必然会耗散或者破碎[85]。

### 1.1.3.3 内波的耗散

内波在传播过程中会由于各种阻力作用耗散能量,例如内部粘性阻力,外部地形变化等。当内波传至浅水区域时,会由于底部地形的作用和水深的变化而耗散。有的内波耗散时间尺度和空间尺度都较小,其耗散对外部的影响不大,有的内波在耗散时会产生破碎,并伴随着强烈的水体混合,这种耗散形式常常会导致海岸沉积物的混合并对水体环境产生剧烈影响。从机理上看,内波能量的耗散主要由边界摩擦、内边界的剪切、辐射耗散和内波破碎导致。

在实验室尺度模拟内波时,由于内波诱导的水体的流动雷诺数比较小,粘性力对内波耗散的影响大,因此在实验中必须考虑边界摩擦对内波的耗散作用[86]。Holloway 采用底部摩擦力函数结合谢才系数模拟边界摩擦对内波的耗散作用,最终得到的结果和澳大利亚西北岸的内波实测数据相吻合[42]。内波的辐射耗散一般发生在弱分层且密度跃层接近自由表面的水体中,1980 年,Rockliff 从 BO 方程中得到了内波在绝热条件下的辐射耗散速率[87]。Pereira 等人研究表明,不同波数的内波辐射耗散的速率不同,内波波数越少,辐射耗散越快[88]。内波在传播时还会由于内边界的剪切而耗散,如果内边界的剪切耗散过于剧烈,超出内波自身惯性运动的影响,往往会造成内波的不稳定,由此而产生所谓的剪切不稳定现象,该现象一般发生在存在明显分层的两层水体中。对于纯剪切流,Miles 提出用理查德森数(Richardson 数)判定是否产生局部剪切不稳定。Bogucki 和 Garrett 基于观测事实,认为理查德森数小于 0.25 只能作为判断内波局部剪切不稳定的充分条件,理查德森数和内波波幅的大小共同决定了内波的剪切不稳定[89]。Moum 在 2003 年的实地观测中,从超声波影像图上成功观测到了内孤波的剪切不稳定现象,在此次观测中,内波界面不稳定而产生局部掺混,垂向混合尺度为 10 m,水平混合尺度为 50 m[90]。内波的破碎,作为内波能量耗散最常见也是最剧烈方式,历来为研究者所重视。1974 年Whitham 系统地在文中阐述了波的破碎,并指出了波的破碎耗散能量形式和水跃的机理接近[91]。1988 年,Smyth 和 Holloway 在澳大利亚西北岸观测到了大量内波的破碎和类似于水跃的物理过程[92]。Helfrich 在物理实验中发现斜坡上的内波破碎常常伴随着上凸波的形成、内界面的涌动[93]以及混合水体的爬坡[94]。Michallet 和 Ivey 等人针对内波破碎进行了更深入的实验研究,设计了大量不同波幅内孤波爬坡的工况,研究表明,内波在破碎后损失能量的最大值可达 25%[95]。Lamb 针对存在背景流下的内孤波爬坡问题,提出新的观点,认为由于背景流和内孤波共同作用而导致的粘滞核心,是导致底部水体混合和内波破碎的重要原因[96]。

目前内波生成机制研究前人已有大量的成果,理论较为完善,而内波的传播过程和耗散过程受外界条件的不同存在很大的差异,由强非线性作用而导致的内波破碎,会对底部水体和物质掺混产生较大影响,是目前研究的热点。

# 1.2　桩柱周围的局部冲刷

局部冲刷是河道工程中常见的现象,由于其可能对工程的安全运行构成潜在威胁而备受关注。例如在 1973 年,美国铁路局总结了美国 383 起桥梁失事事故,其中 25% 的失事和桥柱破坏有关,有 73% 是由于桩基破坏导致[97]。Katherine 在提交给新西兰国家道路局的报告中指出,在 1960 到 1984 年间共有 108 起桥梁破坏事故,其中有 29 次案例是由于桩基冲刷导致的[98]。根据 Kandasamy 和 Melville 的研究结果,在"Bola"旋风经过新西兰的过程中,60% 的桥梁破坏是桩柱局部冲刷导致的[99]。另一方面,Macky 指出用于桥梁维护和维修的费用占新西兰年维护总费用的 50%,不仅如此,70% 的桥梁维护费被用于维护由桩柱局部冲刷造成的损坏[100]。研究局部冲刷一般可从周围水流结构以及冲坑的形成与发展等方面着手。

## 1.2.1　桩周水流结构特征

单向水流在遇到桩柱阻碍后会形成绕流,演变成具有三维特征的复杂流动,尤其是在局部冲刷坑形成的过程中,底部墩台和冲坑地形使得水流流动更为复杂。研究表明,水流在桩柱周围和河床附近产生漩涡,并不断脱落,近壁的三维涡脱系统是导致局部冲刷发展的主要原因。圆型桩柱周围的水流结构有大量实验研究,Hjorth[101]、Melville[102]、Dey[103]、Graf 和 Istiarto[104] 等人均采用物理实验对水流结构进行了完备的观测和捕捉。

桩柱周围的水流结构可分为马蹄涡结构,尾涡结构和柱前下降水流等部分,这些水流结构都对局部冲刷有一定的影响。1983 年,Rajaratnam 和 Nwachukwu 在物理实验中测量冲刷坑附近的流速和剪切力,研究表明,桩柱附近河床的最大局部河床切应力为其余地方的 5 倍[105]。Kwan 等人在桩柱实验中观察到一个类似马蹄涡结构的漩涡,该漩涡运动剧烈,并伴随着水流的下降,研究认为其是导致桩柱局部冲刷的主要原因[106]。Kwan和Melville等在1994年进一步指出,冲刷坑中的环流和下降水流侵蚀了桩柱周围的河床[107]。不仅如此,冲刷坑中的环流范围占据了冲刷坑总体积的17%,其拥有的能量占冲刷坑总能量的78%。Molinas等人对弗劳德数(Froude数)在0.3至0.9之间的水流绕流工况进行研究,发现在不同的水流条件下,桩柱附近局部切应力的增幅并不相同,局部切应力最大增幅可达其他区域的10倍,局部流速增幅为其他地方的1.5倍[108]。Biglari和Sturm等人采用数值模拟研究了桩柱的局部冲刷,根据其清水冲刷的数值模拟结果,建立了局部河床切应力和冲坑最大深度的数学关系,并将其应用于估测冲刷坑规模[109]。Ahmed和Rajaratnam将方型桩柱和圆型桩柱冲刷坑附近的局部水流结构进行对比,发现相比圆型桩柱,方型桩柱的局部应力分布更不均匀[110]。Barbhuiya和Dey采用超声多普勒测速仪监测水流流过翼形垂直桩柱时的水流发展,并对其周围的紊动能分布进行研究[111]。

桩柱周围的水流结构主要研究成果均为实验研究和雷诺平均的数值模拟研究,研究结果表明,桩柱周围的马蹄涡是造成河床局部切应力增大的主要原因之一。在冲刷坑发展的过程中,水流会由于冲刷坑和桩柱的共同作用在坑中形成环流,该环流分布广,强度大,是造成冲刷坑发展的主要因素。就目前而言,由于冲刷坑中水流结构复杂,雷诺数大,研究者在数值模拟中均会采用紊流模型,而直接数值模拟研究较少。

## 1.2.2　影响冲刷坑发展的主要因素

局部冲刷坑的形态、规模、发展的研究手段主要有理论分析和物理实验。常用的理论分析方法有因次分析法。1961年,Garde采用该方法分析了丁坝附近局部冲刷坑深度的影响因素,认为其与弗劳德数、阻力系数、丁坝与主流夹角、阻水比等无量纲参数有关[112]。忽略水粘性影响的前提下,Melville在1992年同样采用量纲分析法,研究桩柱的局部冲刷坑影响因素,认为泥沙级配也是决定冲刷坑规模的重要因素[102]。Sturm和Janjua采用断面处束窄流量比代替桩柱阻水比,得到了更简单的无量纲分析结果[113]。另一方面,Lim则忽略阻水比对局部冲刷坑的影响,得到了在无限水域内局部冲刷坑的因次分析结果[114]。总的来说,通过因次分析法研究者将影响桩柱冲刷的因素归纳为行进流速、上游水深、墩台参数、泥沙粒径和级配、墩台形状、墩台安置角度、河道形状等参数。

一般而言,行进流速的影响通过无量纲化后的弗劳德数来反应,例如 Zaghloul[115,116]和 McCorquodale 等[115]、Rajaratnam[105]、Shri[117]等人,在研究中均将行进流速无量纲化成弗劳德数,进而研究弗劳德数对局部冲刷坑规模的影响。Kandasamy 的物理实验研究表明,随着弗劳德数的增加,平衡时冲刷坑的最大深度也会增大,也就是行进流速和冲刷坑深度正相关[118]。研究者通过大量物理实验统计开始产生冲刷坑的流速,将其均值定义为临界流速[119,120]。除了弗劳德数,前人还建立了与行进流速直接相关的摩阻流速,研究其与冲刷坑之间的关系,例如 Grill[121]、Kwan[106]、Kandasamy[122]等。Chiew 做了大量物理实验,研究产生局部冲刷时的临界摩阻流速大小[123],并结合先前的实验[124]和 Melville[125]等人的结果,完善了均匀沙和非均匀沙条件下的临界摩阻流速。

大量研究表明:上游水深是影响局部冲刷坑深度的重要因素,在摩阻流速不变的情况下,局部冲刷坑深度随上游水深的增大而增大[126]。不仅如此,Tet[127]的研究结果还表明,最大局部冲刷坑深度增大的速度随着上游水深的增大而减小。Dey 和 Barbhuiya 等人进一步的研究表明,在上游水深较小的工况下,冲刷坑平均深度增大的速率随上游水深的增大而增大,而当上游水深增大到一定程度后,冲刷坑平均深度与上游水深无关[128]。

在 Garde 的量纲分析结果中,墩型参数也是影响桩柱冲刷坑深度的因素之一。Neill 等人认为,在桩柱沿水流方向尺度较小、河道宽度很宽时,桩柱阻水宽度可以忽略,因此,断面束窄系数、阻水比等和桩柱阻水宽度有关的参数不能被纳入影响局部冲刷的通用影响因素中[129]。Mcgovern[130]和 Liu[131]等人的实验结果显示,在泥沙级配不连续的工况下,冲刷坑深度和桩柱阻水比无关,而与桩柱局部地形有关。最终,Cardoso 和 Bettess 等人通过实验最终将墩型参数的影响作用总结为:局部冲刷是一个局部的现象,其深度与断面束窄系数无关,但是其规模与沿水流方向的长度有关[132]。

泥沙粒径和泥沙级配是衡量泥沙特性的重要参数,也是决定局部冲刷深度的重要参数。虽然起初 Ahmad[133]等人表示最大冲坑深度和泥沙粒径大小没有关系,但是 Blench[134]等人的研究结果均表明泥沙粒径大小对最大冲坑深度有影响。Laursen 的物理实验结果表明，在清水冲刷的条件下，最大冲坑深度和泥沙粒径大小有关，而在动床冲刷中却与泥沙粒径大小无关[135]。研究者大量的研究表明，细沙工况下的冲坑发展比粗砂工况下要快，不仅如此，Dey 和 Barbhuiya[136] 将均匀沙冲刷和非均匀沙冲刷的结果作对比，发现非均匀沙工况下的冲刷坑深度普遍小于均匀沙冲刷坑深度，他们通过分析认为，非均匀沙工况下，冲刷坑表面会形成一层由细沙组成的保护层，抑制了冲刷坑的进一步发展。

Melville 等人采用墩型系数 Ks 刻画桩柱形状对最大冲坑深度的影响，其中，直立型挡墙的墩型系数为 1，圆角型桩柱的墩型系数为 0.75，圆台型桩柱的墩型系数为 0.45 到 0.6 之间，且随着桩柱沿水流方向长度增加，墩型系数的影响越来越小[125,137,138]。针对非圆型桩柱，桩柱主轴线与水流主流方向的安置夹角也是影响局部冲刷深度和规模的重要因素。Mazumder 的研究表明，桩柱沿水流方向长度越小，安置夹角的影响就越大，安置角度越小，水流受桩柱的阻水作用越小，冲刷坑规模越小[139]。

河道断面形式和河道的位置密切相关，若河道处于山脉区域，河道底部凹凸不平，断面形状大多呈抛物线状，且山区中的桥墩多处于河道的主槽中。另一方面，若河道是人工渠道或者位于平原地区，河道底部相对平整，断面形状多为复式断面，大部分桥墩都处于浅滩处而且仅有少量处于主槽中。1998 年 Richardson 等人认为矩形水槽实验所得的桩柱局部冲刷结果无法真实反映复式断面河道中桩柱的局部冲刷现象[140]。Shri 认为，明渠断面的形式对行近水流的弗劳德数计算有影响，也就间接影响了基于弗劳德数分析局部冲刷规模的研究成果的普遍适用性[117]。Melville 和 Ettema[137] 等人对复式断面下的局部冲刷做了系统的研究，比较了桩柱分别坐落在主槽和滩地时的冲坑形态，通过定义桩柱在复式断面的相对位置系数来刻画其对冲坑形态的影响。除了采用相对位置系数来考虑复式断面影响外，Sturm 和 Janjua 等人将这种影响纳入流量束窄系数中进行考虑，研究表明，在桩柱尺寸较小的情况下，这样简化考虑可以满足工程精度要求[113]。

上述研究对桩柱最大冲坑深度和物理参数之间的关系做了详尽的分析，而冲刷坑随时间的发展过程也同样受研究者关注。Ahmad 等人建立了指数模型描述冲刷坑深度随时间的变化[133]，Breusers[141] 等人也均用此模型成功预测了冲刷坑的发展。Dey 和 Barbhuiya[139] 进一步研究了桩柱群周围的不同粒径泥沙所构成的局部冲刷坑随时间的发展规律,研究表明,非均匀沙达到平衡的时间比均匀沙相对较短。

桩柱局部冲刷的物理实验研究结果已经较为充分,可以应用于工程实际,但是由于局部冲刷的复杂性,导致局部冲刷的已有成果大多为经验公式,基于理论的研究和直接数值模拟研究进展较为缓慢。

# 1.3　泥沙输运理论

在采用数值模拟研究局部冲刷时,首先要明确泥沙起动条件以及泥沙在水流作用下的输运规律。泥沙起动的判别条件以及泥沙输运量计算的经验公式因泥沙粒径、泥沙输运类型、水流条件等而有所不同,所以在泥沙数值模拟中,根据情况选取适当的经验公式显得尤为重要。

## 1.3.1　泥沙起动研究

确定河床泥沙的起动条件,是计算河床变形量的首要前提,正是泥沙在床面的移动以及沙在水和床间的交换,导致了河床的变形。因此,研究者通过理论研究、实地考察、物理实验等方式,致力于寻求一个标准用以判别泥沙的起动。

1936 年 Shields 通过大量的物理实验,定义 Shields 数作为泥沙起动判别标准,并绘制出影响深远的 Shields 曲线[142]。Shields 数综合考虑了河床底部切应力、泥沙粒径、水粘性等影响,成为泥沙起动研究者关注的热点。1948 年,Meyer-Peter 和 Muller 等人通过物理实验,研究了非粘性粗砂的起动,并建立粗砂的推移质输运公式,得到了与 Shields 一致的结论[143]。在 1977 年,Mantz 通过定义细沙河床的最大稳定度,得到非粘性细沙起动的物理实验研究结果,补充了 Shields 曲线中的细沙部分[144]。1984 年,Bettess 在其物理实验中研究浅水条件下的临界河床切应力和临界 Shields 数,对 Shields 曲线进行敏感性分析[145]。1987 年 Bathurst 等研究陡坡下的泥沙起动条件,所得到的 Shields 曲线整体大于 Shields 在 1936 年的结果[146]。Recking 在 2009 年的研究表明,在相对水深较小且底坡较陡的情况下,临界 Shields 数会有所升高,对 Shields 曲线进一步完善[147]。

但是，利用 Shields 所定义的泥沙起动概念并不清晰，只是定性地认为底部整体泥沙的移动[148]，且用 Shields 曲线无法判别高脉动水流下的局部泥沙是否起动[149,150]。在 1971 年时，Paintal 重新解释了 Shields 的泥沙起动以及临界切应力：天然河道中泥沙是否起动并没有明确的界限，当床面切应力低于临界切应力时，泥沙并非完全没有起动，只是在此条件下的泥沙输运量微乎其微，可以忽略不计[151]。这一说法虽然解释了 Shields 所定义的临界切应力，但是依旧无法弥补 Shields 曲线无法精确描述泥沙起动的缺陷。

鉴于紊流具有一定的随机性，且天然河道中的泥沙起动也是一个不确定过程，一些研究者采用概率密度函数法（或称为随机法）来刻画泥沙的起动。该方法认为泥沙在任何条件下都有一定概率的起动，摒弃了之前当切应力小于临界切应力时泥沙不运动的假设，从而更真实地描述泥沙的起动过程。该理论由 Einstein 于 1937 年在其博士论文中提出[152]，认为水下泥沙颗粒所受上升力在一定情况下可能大于自身重力进而起动，将该事件定义为泥沙起动，并用概率密度函数刻画起动概率[153]。Einstein 所采用的高斯分布概率密度函数，结合了 Meyer-Peter 等人的物理实验数据[154]，不仅具有较强的数学理论依据，还具有一定的精度，成为从概率角度研究泥沙起动的理论基石。随后，Gessler[155] 和 Gunter[156] 分别利用 Shields 的结果计算泥沙起动切应力，将其与 Einstein 的概率起动模型所得的结果进行比较，发现 Shields 的起动切应力，代入 Einstein 公式计算时，所得的泥沙起动概率仅为 50%。Gessler 和 Gunter 对此都作出了充分的解释：根据 Shields 曲线所得的泥沙起动切应力实质上为水流长期作用于泥沙上的平均切应力，而该切应力明显小于紊流时水流作用于泥沙的局部瞬时切应力，而 Einstein 公式采用瞬时切应力估算泥沙的起动概率，从而导致这个结果。1998 年，Cheng 和 Chew 依据实验研究成果，提出了一个综合考虑剪切力和上升力的起动概率计算公式，改进了 Einstein 模型。此外，Cheng 经过计算得到，床面上存在 0.6% 的泥沙起动时的剪切力大小与 Shields 的临界切应力一致[157]。Papanicolaou 总结了前人的实验数据并利用 Cheng 的计算公式进行计算，发现所得前人研究的床面起动的泥沙量范围在 0.008% 到 0.3% 之间，因此认为 Cheng 的结论高估了泥沙的起动概率[158]。这些研究都说明了 Einstein 模型存在一定的局限性。1992 年，Jain 利用统计分析分析了大量物理实验数据,认为 Einstein 模型的泥沙起动模型多考虑了紊动能谱的影响,即 Jain 认为仅有升力、拖曳力等作用在泥沙颗粒上的力是增加泥沙起动可能性的因素[159]。这也解释了为何 Cheng 和 Chew 基于 Einstein 模型修正的起动概率依旧高估了泥沙起动。2002 年,Wu 和 Lin 不再使用 Einstein 所假设的高斯型概率密度分布,而假设泥沙的起动服从对数型概率密度分布,且该分布与泥沙表面的瞬时流速有关,并将该理论与自身物理实验进行验证,得到较符合的结论[160]。2003 年,Wu 和 Chou 进一步完善该理论,同时考虑泥沙颗粒的上扬与翻滚的影响,最终认为泥沙在相同工况下临界起动的概率并不是一成不变的[161],McEwan 和 Heald 也同样在研究中发现了该现象[162]。因此,研究者对泥沙起动的概率密度分布函数类型开展进一步研究。Cheng 建立了基于床面切应力、无量纲粒径和沙粒雷诺数的泥沙起动概率模型,成功刻画的层流条件下的泥沙起动[163]。2004 年,Wu 和 Yang 建立 Gram-Charlier 型概率密度分布函数刻画紊流猝发对泥沙起动的影响,使得所得的泥沙起动模型既可以应用于水力光滑区又可以应用于水力粗糙区[164]。2006 年,Holfland 和 Battjes 单独建立了瞬时拖曳力和上升力对泥沙起动影响的概率密度分布函数,所得的结论和实测值吻合良好[165]。

综上所述,泥沙起动模型有两大类:一类是基于 Shields 曲线的传统临界切应力模型,另一类是基于随机论的泥沙起动概率模型。传统模型虽然没有成功真实反映泥沙的起动,但是其具有相对简单而显式的经验公式,且宏观上泥沙起动量的计算误差不大,因此该模型在工程上应用较为广泛。概率模型更多注重于对泥沙起动的机理研究,需要更多实验研究和理论研究的支持,所得的经验公式也较为复杂,目前在工程上应用尚不广泛,但是其作为泥沙起动的新兴理论,对泥沙起动理论的发展有重要作用。就目前国内研究而言,基于 Shields 曲线等物理实验结果而得到的唐存本公式[166]、张瑞瑾公式[167]、窦国仁公式[168]和沙玉清公式[169],都被广泛应用于估算工程中泥沙的起动。

## 1.3.2　泥沙输运的经验公式

河道中的泥沙输运从其输运机制上可以分为悬移质输运和推移质输运两种[170]。悬移质输运,顾名思义,就是泥沙悬浮在水中,随水流输运。因此,能够产生悬移质输运的沙大多为细沙、粉砂等粒径较小的沙。相比之下,粒径较大的沙或砾石通过滑移、翻滚和跃移的方式在底部随水流运动的方式则为推移质输运[171]。

### 1.3.2.1　泥沙输运经验公式

在实际工程中,获取泥沙输运量的方式有两种:一种是采用经验公式直接估算,一种是采用设备对该河段的泥沙输运进行多年的测量,随后通过统计的方式进行估计。由于得到多年输沙量资料需要耗费大量的人力物力,因此经验公式法估算输沙量成为首选,而提高经验公式的精度也显得尤为重要。对于泥沙输运经验公式的研究可以追溯到19世纪末,1879年,du Boys提出了一个用于计算泥沙输运量的经验公式[172],虽然最后Ettema和Mutel通过大量的物理水槽实验研究发现其存在较大的误差[173],但是其提出的采用水流临界切应力计算河床底部泥沙输运的计算模式,受到研究者的重视。随后,研究者纷纷仿照此模式,建立了大量用于计算泥沙的经验公式,根据计算的对象不同,可分为:推移质泥沙计算公式,悬移质泥沙计算公式,总沙输运计算公式。经过不断发展,泥沙输运计算的经验公式不断完善,但是尚未形成通用的泥沙计算公式[174]。2002年,Habersack和Laronne综合了前人计算推移质的经验公式,将其与德拉瓦河的实测结果进行比较,根据拟合情况将不同经验公式进行排序,研究表明,无论采用哪个经验公式,若能采用少量的观测资料,对公式中的参数进行率定,都能使计算精度有很大的提高[175]。2007年Barry等同样对用于计算美国沙床河道推移质的经验公式进行总结,提出了一个通用的指数型方程估算河道中的推移质[176]。

推移质的计算可分为三类[177]:一类是1879年du Boys提出的基于床面切应力的推移质计算公式,主要根据河道切应力与泥沙起动临界切应力的差值,推算推移质的输运量;一类是以Schoklitsch为代表的基于河道流量的推移质计算公式[178],其计算模式和上一种情况相同,但是此类方法需要知道临界状态下该河道的临界流量大小;最后一类是基于Einstein概率起动模型的推移质计算方式,主要通过泥沙上扬力和概率密度函数来计算推移质。当然,还存在其他综合考虑上述三类经验公式的方法,例如利用河道流量和对数流速分布计算河床附近水流流速,再计算推移质的经验公式等。推移质经验公式数量繁多,分类也不唯一。

### 1.3.2.2　考虑泥沙级配的经验公式

由于天然河道中的泥沙粒径并非均匀,而不同颗粒大小的泥沙在相同工况下运动不同,因此,在估算泥沙输运时,必须要考虑泥沙粒径的影响。在经验公式中常常被作为描述泥沙粒径组成的参数有泥沙级配曲线或者典型泥沙粒径大小。一般而言,经验公式采用多种泥沙粒径或利用泥沙级配计算推移质公式属于非均匀沙推移质计算,而仅采用典型粒径计算(例如中值粒径)的公式为均匀沙经验公式。

目前大多数经验公式均用于计算均匀沙的输运,因为这不仅可以简化公式形式,又能被广泛应用于工程。目前使用比较广泛的推移质经验公式为 Meyer-Peter 和 Muller 在 1948 年所提出的经验公式(以下简称 MPM 公式)[143]。1934 年,Meyer-Peter 利用物理实验和观测资料对泥沙输运问题进行一系列的研究,旨在估计当时莱茵河存在的泥沙淤积问题,并从防止河道淤积的角度建立新的河道设计标准,保证河道的安全稳定运行[179]。经过 10 多年的努力,Meyer-Peter 和 Muller 最终建立了 MPM 公式,该公式包含了泥沙粒径、河道流量、曼宁糙率系数等因素对推移质的影响,成功解决了当时莱茵河浅水区泥沙淤积问题。由于 MPM 经验公式中的系数都基于莱茵河的实测资料和物理模型实验,在计算其他地区推移质时会存在一定误差。1983 年,Smart 等人根据物理实验,将 MPM 公式扩展并应用于比降范围为 0.03 至 0.2 的河道中,远远大于莱茵河的比降[180]。Rickenmann 在 1991 年不仅成功将 MPM 公式改进为适用于所有底坡的河道,还可以应用于高含沙水流的工况下[181]。2006 年,Wong 和 Parker 重新分析了 Meyer-Peter 等人的实验数据和观测资料,对 MPM 公式中的拖曳力项进行修正,考虑了当时资料中的河岸对泥沙起动的影响[182]。除了 MPM 等人的研究,还有大量研究者对均匀沙输沙进行研究,例如 Ahilan[183]、Camenen 和 Larson 等[184]。

由于均匀沙的计算公式不能充分考虑天然泥沙存在各种粒径的影响,当用均匀输沙计算公式估算非均匀的天然泥沙输运时,往往计算结果会偏大[185]。在由非均匀沙组成的平床条件下,细沙会由于水流作用比粗沙先起动,随水流运动,从而进一步导致粒径较大的沙粒更多地暴露在水流的作用下,进而加剧粗砂的输运。另一方面,由于受到粗砂的庇护,部分细沙的起动比同等水流条件下的均匀沙难。为了综合考虑这些因素的影响,1965 年 Egiazaroff 在均匀沙计算公式的基础上,采用收缩系数减小非均匀沙的临界起动切应力[186],1971年,Ashida 和 Michiue 建立收缩系数和泥沙粒径的关系,进一步强化了经验公式中非均匀沙的概念[187]。1995 年 Hunziker 基于 MPM 公式建立了一个更精确更通用的泥沙输运公式,可用于各种级配的非均匀沙和非连续级配沙[188]。除此之外,部分研究者致力于研究改进均匀沙输沙公式以得到非均匀沙输沙公式,例如 Parker 的物理实验研究[189]、Wu 等人的模型实验研究[190]、Wilcock 和 Crowe 的研究等[191]。还有部分研究者则从概率起动模型的角度研究非均匀沙输沙公式,例如 Einstein 的理论研究[153],Sun 和 Donahue 的物理模型研究[192]和 Van 的实测资料分析等[193]。

### 1.3.2.3 考虑时间尺度的经验公式

根据泥沙输运随时间的发展情况,可以将泥沙输运分为平衡输运和非平衡输运两种。平衡输运,就是在恒定的水流条件下,泥沙输运量不再随时间变化的输运状态。发生不平衡输运时,即使水流条件不变,泥沙输运量会随时间增大或者减少。通常来说,水流条件不变时,当水流作用时间充分长时,所产生的输运都是平衡输运,即不平衡输运经过一定时间必然会发展为平衡输运。对于一条天然河道,一般都经历长时间的演化和发展,河床发展基本完全,冲淤达到平衡,所以泥沙输运量基本达到水流的挟沙量,处于平衡输运状态。但是,当条件发生改变时,例如流量、来流中含沙量发生改变或者河道中增加水工建筑物时,泥沙的平衡输运将遭到破坏,而转变为不平衡输运。由于河床束窄、河中建立水利工程等影响,而产生的泥沙不平衡输运,可能迅速使河床地形发生改变,因此对不平衡输沙公式的研究也格外重要。1983 年,Bell 和 Sutherland 指出,采用平衡输沙模型估算不平衡输沙量存在不合理之处[194]。他们通过观测实验数据发现,在推移质输运的过程中,水流为了达到饱和挟沙状态,需要一定的发展距离,即 Van 等人所定义的推移质调整长度[195]。Phillips 和 Sutherland认为不平衡推移质输运量的大小和饱和挟沙量、推移质调整长度密切相关,并直接决定了河床随时间的变化速率[196]。最终基于大量物理实验研究,研究者建立了经验公式计算在不平衡输运时的推移质输运量[197]。Bui 和 Rutschmann 的研究表明,在非恒定流工况下,不平衡输沙公式比平衡输沙公式的精度更高,但是,其精度受不平衡调整长度的影响较大[198]。

泥沙输运存在多种分类方式,基于不同分类方式,国内外研究者通过物理实验、实地观测等方式提出了大量的经验公式计算泥沙的输运量。国内比较成熟的公式,例如张瑞瑾公式、窦国仁公式等输运公式都是基于传统切应力模型的输运公式,而韩其为公式则是在泥沙概率起动上提出的经验公式,这些公式都在国内得到广泛的应用。

## 1.4 内孤波环境下桩基冲淤研究的难点

如前所述,由于内孤波在爬坡破碎过程中释放的巨大能量以及桩基局部冲刷研究在桩柱稳定性中的重要地位,内孤波作用下桩基局部冲刷研究具有重大工程意义。分层环境下桩基局部冲刷机理的研究还存在一系列关键技术难点。

(1)内孤波对斜坡地形上的标量输运模拟研究

内孤波对斜坡上标的输运规律是研究内孤波对斜坡上桩基局部造床影响的基础,而就目前而言,研究者大多关注于内孤波在斜坡上的传播与破碎过程,而很少研究期间其对标量的输运规律。如何从复杂的内孤波传播与破碎过程中,得到其对标量输运的时空规律,是目前研究的难点之一。

(2)桩基局部冲刷的数值模拟

桩基局部冲刷的数值模拟同样也是研究内孤波对斜坡上桩基局部造床影响的重要基础。目前在桩柱局部冲刷的数值模拟研究中,大多会采用紊流模型(雷诺时均模型、大涡模拟等)对水流计算进行简化,很难精确捕捉桩柱周围复杂的三维水流结构,从而导致冲刷坑的模拟存在误差。

(3)复杂动边界的数值处理

数值计算表明,采用直接数值模拟研究桩基局部冲刷等河床局部变形问题时,由于水流脉动的特性往往导致床面几何形态较为复杂甚至失真,如何将河床本身特性(例如河床泥沙休止角)考虑到地形变化的计算过程中,如何估计复杂床面附近的水力要素,均是动床直接数值模拟的难点。

## 1.5 本书主要研究工作

本书基于分层环境下内孤波对桩基局部冲刷影响研究现状及存在的问题,建立了系统的研究框架,研发了新的模拟技术与方法,并对分层环境下桩基局部冲刷机理开展系统研究。本书主要工作如下:

(1) 综述了分层环境下内孤波、桩基局部冲刷、泥沙输移理论的研究进展，分析归纳了内孤波传输破碎、桩基局部冲刷模拟的研究前沿，提出了分层环境下内孤波对桩基局部冲刷的研究难点。

(2) 利用 MPI 并行技术、直接数值模拟求解技术，研发了动态浸没边界法、非规则河床模拟方法、内波对泥沙输运的调整方法，建立了分层环境下包含内波、泥沙、桩柱的动床三维直接数值模拟模型，并采用明渠水沙输移、圆柱绕流等算例对模型、算法进行验证。

(3) 开展了纯流条件下圆柱型桩柱局部冲刷的直接数值模拟研究。捕捉了桩柱周围三维水流结构，监测了冲刷坑形态变化，从冲刷坑时空微尺度变化规律、局部水流结构特征、泥沙输运平衡等角度揭示局部冲刷坑发展的机理。

(4) 开展了分层环境下内孤波对标量输运的直接数值模拟研究。模拟了内孤波在复杂边界、水动力影响条件下，对标量的输运现象，从内孤波的水平输运、垂向输运、紊动输运等角度，探究标量在内孤波诱导下的输移机制。

(5) 开展了斜坡地形上内孤波对桩基局部造床作用的直接数值模拟。研究了内孤波行进至斜坡地形时，对斜坡上桩柱产生的局部冲刷效应，从内波破碎的水动力过程及其对标量输运的影响、局部地形形态、历时变化规律等角度，揭示由内波诱导的桩基局部冲刷产生机理。

# 第 2 章

## 三维水沙动床数学模型建立方法

本书依托三维流体计算代码 CgLES(Complex Geometry LES)进行二次开发,该代码的水动力计算部分由伦敦玛丽女王大学(Queen Mary University of London)J. J. R Williams 和 Ji 等人耗时 10 多年开发完成,采用 MPI 并行技术提高计算效率,实现了小网格尺度下的流体精细模拟。CgLES 起初主要以大涡模拟计算(LES)为主,基于该代码的明渠紊流[199]、圆柱绕流[200]等算例的大涡模拟,均取得令人满意的成果。随着计算机性能的提高,CgLES 亦可用于直接数值模拟(DNS),Zhu 等人曾用该代码的 DNS 模块模拟内孤波的传递[201],研究了内孤立波与底部山脊地形的相互作用。作者在原有 CgLES 代码基础上增加了泥沙模块,包括泥沙输运和动床捕捉两部分,将其运用于圆型桩柱局部冲刷(第三章)、内孤波对标量的输运作用(第四章)以及内孤波对斜坡上桩基局部的造床作用模拟(第五章),本书计算工作均在伦敦玛丽女王大学超算中心进行,所需的最大计算资源为 4 节点 128 核。本章对原 CgLES 代码直接数值模拟基本理论以及新增相关模块进行介绍。

# 2.1 分层环境下三维水沙运动控制方程

## 2.1.1 水流运动控制方程

在连续性假设下,用于描述三维粘性流体运动的 Navier-Stokes 方程(简称 N-S 方程)书写如下:

$$\frac{\partial \rho}{\partial t} + \frac{\partial (\rho u_i)}{\partial x_i} = 0 \tag{2.1}$$

$$\frac{\partial (\rho u_i)}{\partial t} + \frac{\partial (\rho u_i u_j)}{\partial x_j} = -\frac{\partial p}{\partial x_i} + \frac{\partial}{\partial x_j}\left(\rho\nu\,\frac{\partial u_i}{\partial x_j}\right) + F_i \tag{2.2}$$

其中式(2.1)为连续性方程,式(2.2)为动量方程组。$x_i$ 为笛卡尔坐标系下的三个维度,$u_i$ 为对应三个维度流速分量,$F_i$ 为对应三个维度流体所受体积力($i=1,2,3$)。$i,j$ 角标满足爱因斯坦求和约定。$\rho$ 为流体密度,$\nu$ 为流体运动粘度,$p$ 为流体压强。在不可压缩流体的前提以及布辛涅司克近似(Boussinesq 近似)下,流体密度不随时间以及运动状态变化而变化,即在动量方程中的时间偏导项和惯性力项中的流体密度可视为常量,从而上述方程组可简化如下:

$$\frac{\partial u_i}{\partial x_i} = 0 \tag{2.3}$$

$$\frac{\partial u_i}{\partial t} + \frac{\partial (u_i u_j)}{\partial x_j} = -\frac{1}{\rho}\frac{\partial p}{\partial x_i} + \nu\frac{\partial^2 u_i}{\partial x_j \partial x_j} + F'_i \tag{2.4}$$

简化后的连续性方程式(2.3)的物理意义为不可压缩流体的连续性等价于某点的流速散度为0,简化后的动力方程组式(2.4)中各项从左至右分别为时间变化项、对流项、压力项、扩散项(粘性项)以及源项。

### 2.1.2　标量输运控制方程

描述标量(浓度、温度或者任意抽象变量)随水流运动的控制方程如下:

$$\frac{\partial \Psi}{\partial t} + \frac{\partial (u_i \Psi)}{\partial x_i} = \frac{\partial}{x_i}\left(k\frac{\partial \Psi}{\partial x_i}\right) + S' \tag{2.5}$$

式(2.5)被称为对流-扩散方程,其中 $\Psi$ 为标量,$k$ 为对应标量的扩散系数,$S'$ 为标量源项。该方程可用于描述一切随水流流动的标量输运过程,因此亦称为标量输运方程。

### 2.1.3　流体密度控制方程

天然流体的密度可认为是温度 $\Gamma$ 和压强 $p$ 的函数:

$$\rho = f(p, \Gamma) \tag{2.6}$$

不可压缩的流体下,压强对流体密度的影响远小于温度对流体密度的影响。在单一因素引起的分层环境下,可利用体积函数法模拟两层流体的密度变化,即建立体积函数与二层流体工况的密度映射[201]:

$$\rho = \rho_1 + q(\rho_2 - \rho_1) \tag{2.7}$$

其中 $\rho_1$ 和 $\rho_2$ 分别为上层和下层流体密度;$q$ 为体积函数,取值范围为 0 至 1,并且满足随水流运动的对流-扩散方程。

# 2.2　控制方程的数值求解

## 2.2.1　网格布置

虽然 N-S 方程组是一个闭合的方程组,结合边界条件后理论上可以求解任意的水流流动,但是由于其复杂的非线性特征,目前仅能求得库埃特流(Couette)等简单流动的理论解,尚无任意定解条件下的通用理论解。因此,针对复杂的流动问题,需要采用数值计算的方式将 N-S 方程组在时空域离散后进行数值求解。

根据变量存储的相对位置不同,空间离散的网格系统可以分成两大类:同位网格系统和交错网格系统。在同位网格系统中,所有变量值均存储在一套网格体系中,而采用交错网格系统求解三维问题时,所有标量(密度、标量、压强等)都存储在一套网格系统中,而三个流速分量则各自另存于三套网格体系中。图 2.1 以平面二维网格系统为例介绍两种网格系统。图 2.1(a)为同位网格系统,采用一套实线网格存储所有物理变量值,图 2.1(b)为交错网格系统,采用一套实线网格存储标量,并采用两套虚线网格分别存储两个速度分量。在使用数值方法求解 N-S 方程组时,使用交错网格系统求解可以避免得到的数值解可能包含非真实的"波状"压力场。

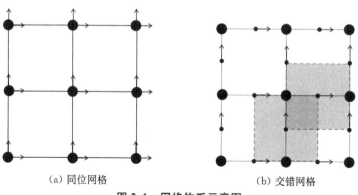

(a) 同位网格　　　　　　　(b) 交错网格

**图 2.1　网格体系示意图**

## 2.2.2　时间差分格式

### 2.2.2.1　动量方程组的时间差分

本书采用 Adams-Bashforth 格式对动量方程组式(2.4)进行时间差分:

$$\frac{u_i^{n+1} - u_i^n}{\Delta t} = \frac{3}{2}\left(\frac{\partial u_i}{\partial t}\right)^n - \frac{1}{2}\left(\frac{\partial u_i}{\partial t}\right)^{n-1}$$

$$= \frac{3}{2}\left(H_i(u) - \frac{1}{\rho}\frac{\partial p}{\partial x_i}\right)^n - \frac{1}{2}\left(H_i(u) - \frac{1}{\rho}\frac{\partial p}{\partial x_i}\right)^{n-1} \tag{2.8}$$

$$H_i(u) = -\frac{\partial(u_i u_j)}{\partial x_j} + \nu \frac{\partial^2 u_i}{\partial x_j \partial x_j} + F'_i \qquad (2.9)$$

其中 $n$ 表示时刻。

采用投影法结合连续性方程(2.3)求解式(2.8),即首先引入中间速度 $u_i^*$,并将式(2.8)分解成如下两式:

$$u_i^* = u_i^n + \Delta t \cdot \left[ \frac{3}{2} H_i(u)^n - \frac{1}{2} \left( H_i(u) - \frac{1}{\rho} \frac{\partial p}{\partial x_i} \right)^{n-1} \right] \qquad (2.10)$$

$$u_i^{n+1} = u_i^* - \frac{3}{2} \cdot \left( \frac{1}{\rho} \frac{\partial p}{\partial x_i} \right)^n \Delta t \qquad (2.11)$$

由于 $n+1$ 时刻 $u_i$ 必须满足连续性方程要求,将式(2.10)代入连续性方程并化简,可得到关于 $n$ 时刻压强的泊松方程:

$$\frac{2\rho}{3\Delta t} \frac{\partial u_i^*}{\partial x_i} = \left( \frac{\partial}{\partial x_i} \left( \frac{\partial p}{\rho \partial x_i} \right) \right)^n \qquad (2.12)$$

即将问题转化为求解满足式(2.12)的 $n$ 时刻的压强 $p$。当采用数值方法求得 $p$ 后,回代入式(2.11)即可获得 $n+1$ 时刻的流速 $u_i$。

### 2.2.2.2 标量输运方程的时间差分

标量输运方程可看成关于时间的常微分方程,因此,采用二阶显示龙格库塔(Runge-Kutta)迭代法对时域进行求解:

$$\frac{\partial \Psi}{\partial t} = -\frac{\partial(u_i \Psi)}{\partial x_i} + \frac{\partial}{\partial x_i} \left( k \frac{\partial \Psi}{\partial x_i} \right) + S' = G(\Psi) \qquad (2.13)$$

$$\Psi^* = \Psi^n + \Delta t \cdot G(\Psi^n) \qquad (2.14)$$

$$\Psi^{**} = \Psi^* + \Delta t \cdot G(\Psi^*) \qquad (2.15)$$

$$\Psi^{n+1} = 0.5 \cdot (\Psi^* + \Psi^{**}) \qquad (2.16)$$

## 2.2.3 空间差分格式

### 2.2.3.1 动量方程的空间离散

在时间差分的基础上,动量方程中对空间坐标的微分项及源汇项可通过以下步骤进行离散。

(1) $H$ 项的离散

根据式(2.9), $H$ 项可以重写成下式:

$$H_i(u) = \frac{\partial T_{ij}}{\partial x_j} + F'_i \tag{2.17}$$

$$T_{ij} = \nu\left(\frac{\partial u_j}{\partial x_i} + \frac{\partial u_i}{\partial x_j}\right) - u_i u_j \tag{2.18}$$

首先针对式(2.18)进行离散。在式(2.18)右侧各项中, $i$、$j$ 遍历角标后, 所产生的项根据组合角标的异同可分为四类。为表述简便,以 $i$ 为1,角标 $j$ 遍历 1、2 为例,其空间差分格式如下:

$$\left(\frac{\partial u_1}{\partial x_1}\right)^m = \frac{u_1(x_1^{m+1}, x_2, x_3) - u_1(x_1^m, x_2, x_3)}{x_1^{m+1} - x_1^m} \tag{2.19}$$

$$\left(\frac{\partial u_1}{\partial x_2}\right)^m = \frac{u_1(x_1, x_2^m, x_3) - u_1(x_1, x_2^{m-1}, x_3)}{x_2^m - x_2^{m-1}} \tag{2.20}$$

$$(u_1 u_1)^m = \left[\frac{1}{2}(u_1(x_1^{m+1}, x_2, x_3) + u_1(x_1^m, x_2, x_3))\right]^2 \tag{2.21}$$

$$
\begin{aligned}
(u_1 u_2)^m = &\left[\frac{x_2^m - x_2^{m-1}}{2(\bar{x}_2^m - \bar{x}_2^{m-1})}u_1(x_1, x_2^m, x_3) + \frac{x_2^{m+1} - x_2^m}{2(\bar{x}_2^m - \bar{x}_2^{m-1})}u_1(x_1, x_2^{m-1}, x_3)\right] \\
&\cdot \left[\frac{x_1^m - x_1^{m-1}}{2(\bar{x}_1^m - \bar{x}_1^{m-1})}u_2(x_1^m, x_2, x_3) + \frac{x_1^{m+1} - x_1^m}{2(\bar{x}_1^m - \bar{x}_1^{m-1})}u_2(x_1^{m-1}, x_2, x_3)\right]
\end{aligned}
\tag{2.22}
$$

其中上标 $m$ 表示位于 $m$ 号网格的物理量值, $x$ 与 $\bar{x}$ 分别为矢量网格坐标和标量网格坐标。最终式(2.17)在网格编号为 $(M_1, M_2, M_3)$ 处的离散格式为(以 $i = 1$ 为例):

$$H_1(u) = \frac{T_{11}^{M_1} - T_{11}^{M_1-1}}{\bar{x}_1^{M_1} - \bar{x}_1^{M_1-1}} + \frac{T_{12}^{M_2+1} - T_{12}^{M_2}}{x_2^{M_2+1} - x_2^{M_2}} + \frac{T_{13}^{M_3+1} - T_{13}^{M_3}}{x_3^{M_3+1} - x_3^{M_3}} + F'_1 \tag{2.23}$$

(2) 压力梯度项的离散

式(2.10)与式(2.11)中 $m$ 号网格的压力梯度项采用空间后差的方式进行离散:

$$\frac{\partial p}{\partial x} = \frac{p(\overline{x^m}) - p(\overline{x^{m-1}})}{\overline{x^m} - \overline{x^{m-1}}} \tag{2.24}$$

（3）压力泊松方程的离散

式(2.12)的方程本质为带源项的泊松方程，经空间离散后可得到线性方程组，其系数矩阵为稀疏矩阵，可以利用超松弛迭代法、共轭梯度法等方法进行迭代求解[202]。式(2.12)等式左侧在网格$(M_1,M_2,M_3)$的离散格式及其化简形式如式(2.25)：

$$\frac{2}{3\Delta t} \cdot \frac{\partial u_i^*}{\partial x_i} = \left[ \frac{(u_1^*)^{M_1+1,M_2,M_3} - (u_1^*)^{M_1,M_2,M_3}}{x_1^{M_1+1} - x_1^{M_1}} + \frac{(u_2^*)^{M_1,M_2+1,M_3} - (u_2^*)^{M_1,M_2,M_3}}{x_2^{M_2+1} - x_2^{M_2}} \right.$$
$$\left. + \frac{(u_3^*)^{M_1,M_2,M_3+1} - (u_3^*)^{M_1,M_2,M_3}}{x_3^{M_3+1} - x_3^{M_3}} \right] \cdot \frac{2}{3\Delta t} = S_p \tag{2.25}$$

式(2.12)等式右侧在网格$(M_1,M_2,M_3)$的离散格式及其化简形式如式(2.26)：

$$\frac{\partial}{\partial x_i}\left(\frac{\partial p}{\rho \partial x_i}\right) = A_1 \overline{p}^{M_1-1,M_2,M_3} + A_2 \overline{p}^{M_1+1,M_2,M_3} + A_3 \overline{p}^{M_1,M_2-1,M_3} + A_4 \overline{p}^{M_1,M_2+1,M_3}$$
$$+ A_5 \overline{p}^{M_1,M_2,M_3-1} + A_6 \overline{p}^{M_1,M_2,M_3+1} - \sum_{s=1}^{6} A_s \overline{p}^{M_1,M_2,M_3}$$

$$A_1 = \frac{2\,(\rho^{M_1-1,M_2,M_3} + \rho^{M_1,M_2,M_3})^{-1}}{(\overline{x_1}^{M_1} - \overline{x_1}^{M_1-1})(x_1^{M_1+1} - x_1^{M_1})}, \quad A_2 = \frac{2\,(\rho^{M_1,M_2,M_3} + \rho^{M_1+1,M_2,M_3})^{-1}}{(\overline{x_1}^{M_1+1} - \overline{x_1}^{M_1})(x_1^{M_1+1} - x_1^{M_1})}$$

$$A_3 = \frac{2\,(\rho^{M_1,M_2-1,M_3} + \rho^{M_1,M_2,M_3})^{-1}}{(\overline{x_2}^{M_2} - \overline{x_2}^{M_2-1})(x_2^{M_2+1} - x_2^{M_2})}, \quad A_4 = \frac{2\,(\rho^{M_1,M_2,M_3} + \rho^{M_1,M_2+1,M_3})^{-1}}{(\overline{x_2}^{M_2+1} - \overline{x_2}^{M_2})(x_2^{M_2+1} - x_2^{M_2})}$$

$$A_5 = \frac{2\,(\rho^{M_1,M_2,M_3-1} + \rho^{M_1,M_2,M_3})^{-1}}{(\overline{x_3}^{M_3} - \overline{x_3}^{M_3-1})(x_3^{M_3+1} - x_3^{M_3})}, \quad A_6 = \frac{2\,(\rho^{M_1,M_2,M_3} + \rho^{M_1,M_2,M_3+1})^{-1}}{(\overline{x_3}^{M_3+1} - \overline{x_3}^{M_3})(x_3^{M_3+1} - x_3^{M_3})}$$
$$\tag{2.26}$$

其中$\overline{p}$为对应标量网格处的压强。根据空间差分结果，压力泊松方程左侧变为与变量压强无关的常数，称为压力源项$S_p$，右侧为与压强相关的线性组合。将整个计算区域空间离散后，结合边界条件，式(2.26)将变成关于压强$p$的一个线性方程组。

$$\vec{AP} = S_p \tag{2.27}$$

形如式(2.27)的线性方程组，可采用迭代法进行求解，主要有高斯赛德尔迭代法、超松弛迭代法、共轭梯度法、预处理共轭梯度法等。基于方程系数矩阵

**A** 的特点,此处采用预处理共轭梯度法进行求解,该方法收敛速度快,求解精度高,亦为计算水力学中求解线性方程组时常用的方法。

### 2.2.3.2　标量输运方程的空间差分

式(2.5)和式(2.13)中所包含的对流项以及扩散项均需要进行空间离散。

(1) 对流项的空间离散

取以标量网格节点为中心的控制体积,对流项的离散格式如下:

$$\frac{\partial (u_i \psi)}{\partial x_i} = \frac{Q_1^{M_1+1} - Q_1^{M_1}}{x_1^{M_1+1} - x_1^{M_1}} + \frac{Q_2^{M_2+1} - Q_2^{M_2}}{x_2^{M_2+1} - x_2^{M_2}} + \frac{Q_3^{M_3+1} - Q_3^{M_3}}{x_3^{M_3+1} - x_3^{M_3}} \quad (2.28)$$

其中 $Q_i$ 为对应控制体表面的标量通量,为标量与流速乘积。由于本书采用交错网格法,控制体的表面中心与矢量网格节点重合,此处的矢量大小(流速)可以直接获取,而此处的标量则需要通过插值才可获得,即任意矢量网格位置的标量 $\Psi^M$ 可通过下式由标量网格节点$(M_1, M_2, M_3)$处的标量插值而得:

$$\Psi^M = \Psi(x_1, x_2, x_3) = \overline{\Psi}^{M_1, M_2, M_3} + o_1(x_1 - \overline{x}_1^{M_1}) + o_2(x_2 - \overline{x}_2^{M_2}) + o_3(x_3 - \overline{x}_3^{M_3})$$

$$(2.29)$$

其中 $\overline{\Psi}$ 为对应标量网格处的标量,$o_i$ 原则上为两点间的标量梯度,但为了减少数值震荡,本书采用限制函数对标量梯度进行限制。常用的限制函数有 SOU、SUPERBEE、FROMM、MUSCL 等,此处采用数值耗散最小的 SUPER-BEE 限制函数,即

$$SUP(x, y) = \begin{cases} \text{sign}(x) \cdot \max(|x|, |y|) & |y| \in [|x|/2, 2|x|] \& xy > 0 \\ 2\text{sign}(x) \cdot \min(|x|, |y|) & |y| \notin [|x|/2, 2|x|] \& xy > 0 \\ 0 & xy < 0 \end{cases}$$

$$(2.30)$$

将其应用于限制标量梯度,则有:

$$o_1 = SUP\left(\frac{\overline{\Psi}^{M_1+1, M_2, M_3} - \overline{\Psi}^{M_1, M_2, M_3}}{\overline{x}_1^{M_1+1} - \overline{x}_1^{M_1}}, \frac{\overline{\Psi}^{M_1, M_2, M_3} - \overline{\Psi}^{M_1-1, M_2, M_3}}{\overline{x}_1^{M_1} - \overline{x}_1^{M_1-1}}\right)$$

$$o_2 = SUP\left(\frac{\overline{\Psi}^{M_1, M_2+1, M_3} - \overline{\Psi}^{M_1, M_2, M_3}}{\overline{x}_2^{M_2+1} - \overline{x}_2^{M_2}}, \frac{\overline{\Psi}^{M_1, M_2, M_3} - \overline{\Psi}^{M_1, M_2-1, M_3}}{\overline{x}_2^{M_2} - \overline{x}_2^{M_2-1}}\right)$$

$$o_3 = SUP\left(\frac{\overline{\Psi}^{M_1, M_2, M_3+1} - \overline{\Psi}^{M_1, M_2, M_3}}{\overline{x}_3^{M_3+1} - \overline{x}_3^{M_3}}, \frac{\overline{\Psi}^{M_1, M_2, M_3} - \overline{\Psi}^{M_1, M_2, M_3-1}}{\overline{x}_3^{M_3} - \overline{x}_3^{M_3-1}}\right) \quad (2.31)$$

最终采用二阶迎风格式计算控制体积表面的标量通量 $Q_i$：

$$Q_i{}^m = (u_i \Psi)^m = \max(0, u_i{}^m) \cdot \Psi^{m-1} + \min(0, u_i{}^m) \Psi^m \qquad (2.32)$$

（2）扩散项的空间离散

同样取以标量网格节点为中心的控制体积，扩散项的离散格式如下：

$$\frac{\partial}{\partial x_i}\left(k\frac{\partial \Psi}{\partial x_i}\right) = \frac{D_1{}^{M_1+1} - D_1{}^{M_1}}{x_1{}^{M_1+1} - x_1{}^{M_1}} + \frac{D_2{}^{M_2+1} - D_2{}^{M_2}}{x_2{}^{M_2+1} - x_2{}^{M_2}} + \frac{D_3{}^{M_3+1} - D_3{}^{M_3}}{x_3{}^{M_3+1} - x_3{}^{M_3}}$$

$$(2.33)$$

此处的 $D_i$ 值位于矢量网格，直接利用标量网格的标量值，直接采用二阶中心差分格式 $m$ 网格处差分 $D_i$，从而有：

$$D_i{}^m = \left(k\frac{\partial \Psi}{\partial x_i}\right)^m = k\frac{\overline{\Psi^{m+1}} - \overline{\Psi^m}}{\overline{x_i{}^{m+1}} - \overline{x_i{}^m}} \qquad (2.34)$$

# 2.3　浸没边界法

本书所研究的内容涉及到水流与复杂固体边界的相互作用，包括水流与圆柱壁面、水流与冲刷坑面、水流与斜坡面。本书采用浸没边界法处理流固耦合问题，并在此基础上加以改进，将浸没边界点分为静态浸没边界点和动态浸没边界点两类，前者用于模拟流场中静止的固体边界，而后者在计算中实时更新，最终通过并行技术实现动态浸没边界法。

## 2.3.1　浸没边界法基本原理

浸没边界法的主要思想为：采用浸没边界点描述需要处理的固体边界，其相邻的流体网格节点处的流速插值至浸没边界点后，插值后流速与浸没边界点给定速度相同，即

$$\sum_{m \in N(S)} I_i(u_i{}^m) = U_i^{S} \qquad (2.35)$$

其中 $I(u)$ 为流体网格上的插值函数，用上标 $m$ 表示流体网格的空间点，$U^S$ 为浸没边界点 S 的速度，$N(S)$ 为 S 点周围的流体网格。另一方面，$n$ 时刻固体对流体运动的影响，可以通过在动量方程式（2.8）中增加虚拟源项 $f_i$ 实现：

$$u_i{}^{n+1} = u_i{}^n + \left[ \frac{3}{2} \left( H_i(u) - \frac{1}{\rho} \frac{\partial p}{\partial x_i} \right)^n - \frac{1}{2} \left( H_i(u) - \frac{1}{\rho} \frac{\partial p}{\partial x_i} \right)^{n-1} \right] \cdot \Delta t + f_i \Delta t$$

$$(2.36)$$

与 S 号节点相邻矢量网格节点处的流速在 $n+1$ 时刻 $u_i$ 必须满足式 (2.35)，因此将上式代入有：

$$U_i{}^S - \sum_{m \in N(S)} I \Bigg( \Bigg\{ u_i{}^n + \left[ \frac{3}{2} \left( H_i(u) - \frac{1}{\rho} \frac{\partial p}{\partial x_i} \right)^n \right.$$

$$\left. - \frac{1}{2} \left( H_i(u) - \frac{1}{\rho} \frac{\partial p}{\partial x_i} \right)^{n-1} \right] \cdot \Delta t \Bigg\}^m \Bigg) = \sum_{m \in N(S)} I_i (f_i{}^m \Delta t) \qquad (2.37)$$

式 (2.37) 中，等式左侧记为 $\Delta U^S$，其物理本质为浸没边界点速度与流体在该点处速度差值，等式右侧为与 S 点相邻的流体网格对 S 点处的虚拟源项贡献之和。针对所有的浸没边界点，对式 (2.37) 做逆运算，并将右侧的求和项拆分，针对给定的流体网格点 M，可得：

$$f_i{}^M \Delta t = \sum_{s \in N(M)} D_i (\Delta U_i{}^s) \qquad (2.38)$$

其中 $D_i(F)$ 为流体网格上的分布函数，其作用为将浸没边界点上流速差转化为虚拟源项后分配至 M 号流体网格，其与插值函数 $I(u)$ 之间存在一定的关系。

### 2.3.2　浸没边界法计算的基本流程

在采用式 (2.38) 求解虚拟源项时，$\Delta U^S$ 的表达式由式 (2.37) 左侧决定，其中包含了当前未知的 $n$ 时刻压强，在传统的浸没边界法中，用已知的 $n-1$ 时刻的压强代替。这一做法使得所求体积力存在一定误差，而迭代型浸没边界法则有效解决了这一问题。在 $n$ 时刻，流体网格 M 点处的主要计算流程如下：

（1）利用式 (2.10) 求解中间速度 $u_i{}^*$，先令中间压力场 $p^*$：

$$p^* = p^{n-1} \qquad (2.39)$$

（2）将式 (2.10) 和式 (2.27) 代入式 (2.38)，求解中间虚拟源项

$$f_i \Delta t = \sum_{s \in N(M)} D \Bigg( U_i{}^s - \sum_{m \in N(s)} I \left( u_i{}^* - \frac{3}{2} \frac{1}{\rho} \frac{\partial p^*}{\partial x} \right)^m \Bigg) \qquad (2.40)$$

（3）修正中间速度 $u_i{}^*$：

$$u_i{}^* = u_i{}^* + f_i \Delta t \tag{2.41}$$

（4）利用式(2.12)求解压力场 $p$。

（5）若不满足收敛条件，则令 $p^* = p$，并重复步骤(2)至步骤(5)进行迭代计算；若满足收敛条件，则 $p$ 为 $n$ 时刻的压力场。

（6）最后用式(2.11)得到 n+1 时刻的流速场。

通常情况下，迭代收敛的判别准则为给定一小量 $\varepsilon$，压强经过多次迭代后满足：

$$\left| \sum_{m \in N(S)} I\left(u_i{}^* - \frac{3}{2}\frac{1}{\rho}\frac{\partial p^*}{\partial x}\right)^m - \sum_{m \in N(S)} I\left(u_i{}^* - \frac{3}{2}\frac{1}{\rho}\frac{\partial p}{\partial x}\right)^m \right| < \varepsilon \tag{2.42}$$

### 2.3.3 插值函数与分布函数的选取

如前所述，浸没边界法在计算过程中需要引入插值函数以及分布函数。从本质上而言，浸没边界点是固体边界的离散化表示，Peskin[203] 在推求浸没边界法时，将浸没边界点称为拉格朗日网格点，将该点的物理体积称为拉格朗日体积，流体网格点称为欧拉网格点，对应网格间距称为欧拉网格长度。根据 Peskin 的研究成果，在欧拉网格和拉格朗日网格间相互传递数值，且具有二阶精度的函数如下：

$$\delta_i(r) = \begin{cases} \dfrac{1}{8h_i}\left(3 - 2\dfrac{|r|}{h_i} + \sqrt{1 + 4\dfrac{|r|}{h_i} - 4\dfrac{r^2}{h_i{}^2}}\right) & |r| < h_i \\[3mm] \dfrac{1}{8h_i}\left(3 - 2\dfrac{|r|}{h_i} + \sqrt{-7 + 12\dfrac{|r|}{h_i} - 4\dfrac{r^2}{h_i{}^2}}\right) & h_i \leqslant |r| \leqslant 2h_i \\[3mm] \dfrac{1}{8h_i} \cdot 0 & |r| > 2h_i \end{cases} \tag{2.43}$$

其中 $h_i$ 为 $i$ 方向的欧拉网格长度。

在 $i$ 方向上，将流体网格 $m$ 处值插值至 S 点的插值函数 $I$ 和将 M 点处值分布至流体网格 s 点的插值函数 $I$ 和分布函数 $D$ 的定义如下：

$$I_i(\Psi^m) = \Psi^m \delta_i(x_i{}^m - X_i{}^S) \tag{2.44}$$

$$D_i(\Psi^M) = \Psi^M \delta_i(X_i^M - x_i^s)\Delta V \qquad (2.45)$$

其中 $x_i$ 为对应网格或点处的坐标分量，$\Delta V$ 为拉格朗日体积，且所有拉格朗日体积之和必须满足：

$$\sum \Delta V = \overline{S} \cdot \overline{h} \qquad (2.46)$$

其中 $\overline{S}$ 为固体侵入流体网格时的接触表面积，在本书的动态浸没边界法中需要实时更新，$\overline{h}$ 为欧拉网格的平均长度。

# 2.4　边界条件

无论是 N-S 方程组，还是对流-扩散方程均属于偏微分方程，他们都需要给定定解条件才能求解。上述控制方程的通用形式及其定解条件如下：

$$s.t. \begin{cases} F\left(\dfrac{\partial f}{\partial x}, f\right) + \dfrac{\partial f}{\partial t} = 0 & \text{(a)} \\[2mm] Af(X,t)\big|_{X\in\Omega} + \dfrac{B\partial f(X,t)}{\partial x}\big|_{X\in\Omega} = L_1(t) & \text{(b)} \\[2mm] f(x,0) = L_2(x) & \text{(c)} \end{cases} \qquad (2.47)$$

式(2.47)中的式(a)即为 N-S 方程组和对流扩散方程的通用表达；式(b)和式(c)合称为定解条件。式(b)为边界条件，其中 $\Omega$ 表示计算区域的边界，在数学上，当 $B=0$ 时为狄里克雷边界条件(或第一类边界条件)，当 $A=0$ 时为黎曼边界条件(或第二类边界条件)，其他情况则称为罗宾边界条件(第三类边界条件)；式(c)为初始条件。在数值计算中，计算初始条件与具体计算工况有关，由工况决定；而边界条件则根据区域边界类型分为固壁边界、自由出流边界等，以下对这些边界条件进行详细阐述。

## 2.4.1　入流边界

入流边界即计算区域的流体进口边界，本书采用的入流流速边界条件为狄里克雷边界条件，即入流边界处的流速分布 $U_i$ 是给定值，入流压强边界条件为黎曼边界条件。以 $\Omega_{in}$ 表示入流边界，上标 $b$ 表示位于边界上的点，$x_n$ 为垂直于边界面的方向坐标，则有：

$$(u_i)_{B \in \Omega_{in}} = U_i(x_1{}^b, x_2{}^b, x_3{}^b) \tag{2.48}$$

$$\left( \frac{\partial p(x_1{}^b, x_2{}^b, x_3{}^b)}{\partial x_n} \right)_{B \in \Omega_{in}} = 0 \tag{2.49}$$

### 2.4.2　出流边界

出流边界的主要作用是使流体能自由出入该边界,常用的出流流速边界包括连续型边界和对流型边界两类,且均为黎曼边界条件。前者主要应用于恒定工况,而后者适用于非恒定工况,因此,本书在出流流速边界上采用对流型出流边界,出流压强条件则与入流边界条件类同。以 $\Omega_{out}$ 表示出流边界,上标 $b$ 表示位于边界上的点,$x_n$ 为垂直于边界面的方向坐标,则有:

$$\left( u_n \frac{\partial (u_n)}{\partial x_n} \right)_{B \in \Omega_{out}} = -\frac{\partial u_n(x_1{}^b, x_2{}^b, x_3{}^b)}{\partial t} \tag{2.50}$$

$$\left( \frac{\partial p(x_1{}^b, x_2{}^b, x_3{}^b)}{\partial x_n} \right)_{B \in \Omega_{out}} = 0 \tag{2.51}$$

### 2.4.3　周期型边界

周期型边界条件通常用于计算区域充分大,边界对流态影响较小,或者在某些方向上流体的流动特性基本均匀的情况。周期型边界条件总是成对应用,其作用等价于将两边界"捏合"在一起。以 $\Omega_p$ 和 $\Omega_q$ 表示一对应用周期条件的边界,$x_n$ 为垂直于边界面的方向坐标,则有:

$$(u_i)_{B_1 \in \Omega_p} = (u_i)_{B_2 \in \Omega_q}, \left( \frac{\partial u_i}{\partial x_n} \right)_{B_1 \in \Omega_p} = \left( \frac{\partial u_i}{\partial x_n} \right)_{B_2 \in \Omega_q} \tag{2.52}$$

$$(p)_{B_1 \in \Omega_p} = (p)_{B_2 \in \Omega_q}, \left( \frac{\partial p}{\partial x_n} \right)_{B_1 \in \Omega_p} = \left( \frac{\partial p}{\partial x_n} \right)_{B_2 \in \Omega_q} \tag{2.53}$$

### 2.4.4　固壁边界

当描述某边界是无法过水的实体边界时,则需要用固壁边界,固壁边界可分为可滑移固壁边界和不可滑移固壁边界。通常情况下,真实的固壁边界均是不可滑移的,但是在壁面摩擦较小可忽略的工况下,或者在需要忽略壁面摩擦的工况下,或应用壁函数模型情况下,则会用到可滑移固壁边界条件。例如,当流体流动 Froude 数小于 0.2 时,自由表面可用刚盖假定近似,而刚盖假定所需应用的边界即为可滑移固壁边界。以 $\Omega_{ns}$ 表示不可滑移固壁边界;$\Omega_s$ 表示可滑移固壁边界,用角标 $n$ 表示垂直边界方向,角标 $t$ 表示边界切方向,则有:

$$(u_n(x_1{}^b,x_2{}^b,x_3{}^b))_{B\in\Omega_{ns}}=0,(u_t(x_1{}^b,x_2{}^b,x_3{}^b))_{B\in\Omega_{ns}}=0 \quad (2.54)$$

$$(u_n(x_1{}^b,x_2{}^b,x_3{}^b))_{B\in\Omega_s}=0,\left(\frac{\partial u_t(x_1{}^b,x_2{}^b,x_3{}^b)}{\partial x_n}\right)_{B\in\Omega_s}=0 \quad (2.55)$$

$$\left(\frac{\partial p(x_1{}^b,x_2{}^b,x_3{}^b)}{\partial x_n}\right)_{B\in\Omega_s\cup B\in\Omega_{ns}}=0 \quad (2.56)$$

# 2.5　泥沙模型的建立

　　本书基于前人的半经验半理论泥沙输运计算公式,用欧拉法建立泥沙输运模型,并采用浸没边界点刻画河床形态,以动态浸没点描述河床动态变化,从而形成非粘性均匀泥沙的起动、输运、造床的完整计算体系。相比直接采用粒子方式模拟泥沙,基于泥沙经验公式的欧拉法模拟泥沙避免了计算颗粒受力、碰撞等,而将泥沙颗粒的各项参数均以经验公式的方式纳入考虑范围,最终将泥沙输运模化为输运量,可节约大量的计算成本。以下针对泥沙模块中所含的泥沙起动模型、不平衡态悬移质模型、平衡态推移质模型以及河床连续性方程进行介绍。

## 2.5.1　泥沙起动模型

　　如前所述,本书采用的刻画泥沙起动的模型是基于目前研究较为完备的 Shields 曲线,该曲线建立了泥沙临界起动时的 Shields 数与无量纲泥沙粒径之间的关系,其数学化表达式如下[204]:

$$\theta_{cr} = \begin{cases} 0.24 D_*^{-1} & D_* \leqslant 4 \\ 0.14 D_*^{-0.64} & 4 < D_* \leqslant 10 \\ 0.04 D_*^{-0.10} & 10 < D_* \leqslant 20 \\ 0.013 D_*^{0.29} & 20 < D_* \leqslant 150 \\ 0.055 & D_* > 150 \end{cases} \tag{2.57}$$

其中无量纲泥沙粒径的表达式为：

$$D_* = d_{50} \left[ \frac{(s-1)g}{\nu^2} \right]^{\frac{1}{3}} \tag{2.58}$$

上式均采用国际单位，$s$ 为沙粒的相对密度，为泥沙颗粒密度与周围水密度的比值，在纯水中通常取为 2.65；$d_{50}$ 为泥沙的中值粒径。

通过计算临界 Shields 数即可推求泥沙起动时所对应的临界摩阻流速以及临界切应力：

$$(u_{cr}^*)^2 = (s-1)g\theta_{cr}d_{50} \tag{2.59}$$

$$\tau_{cr} = \rho (u_{cr}^*)^2 \tag{2.60}$$

另一方面，直接数值模拟中的河床底部切应力可以利用牛顿内摩擦公式进行计算：

$$\tau = \rho \nu \frac{\partial u_t}{\partial x_n} \tag{2.61}$$

若河床底部切应力大于泥沙起动的临界切应力，则判定为泥沙起动，若底部切应力小于泥沙起动切应力，则判定为泥沙淤积。

### 2.5.2 悬移质模型

悬移质随水流的输运方程满足对流扩散方程，若令第三个维度为铅垂方向，则可将式(2.5)重写如下：

$$\frac{\partial C}{\partial t} + \frac{\partial (u_i - \delta_{i3}w_s)C}{\partial x_i} = \frac{\partial}{\partial x_i}\left(k\frac{\partial C}{\partial x_i}\right) + \frac{S_{cb}}{\Delta x_3^b} \tag{2.62}$$

其中 $C$ 为悬移质质量浓度，即单位体积水体所含悬移质的质量，$w_s$ 为泥沙在水中的沉降速度，$S_{cb}$ 为仅在河床底部存在的单位面积上的边界源项，$\Delta x_3^b$ 为

边界处的垂向网格尺度,$\delta_{ij}$ 为爱因斯坦求和约定中的置换函数,满足:

$$\delta_{ij} = \begin{cases} 1 & i = j \\ 0 & i \neq j \end{cases} \tag{2.63}$$

泥沙在水中的沉降速度 $w_s$ 通过小球沉速实验的经验公式给出:

$$w_s = \begin{cases} \dfrac{1}{18} \dfrac{(s-1)gD_s^2}{\nu} & D_S < 100\mu m \\[2mm] 10\dfrac{\nu}{D_s}\left\{\left[1 + \dfrac{0.01(s-1)gD_s^3}{\nu^2}\right]^{0.5} - 1\right\} & 100\mu m \leqslant D_S < 1000\mu m \\[2mm] 1.1\left[(s-1)gD_s\right]^{0.5} & D_S \geqslant 1000\mu m \end{cases} \tag{2.64}$$

上式均采用国际单位,最终沉速单位为 m/s。其中 $D_s$ 为泥沙的代表粒径,在均匀沙的情况可选为泥沙中值粒径。当泥沙代表粒径在 50 $\mu m$ 至 500 $\mu m$ 之间时,其沉速与局部悬移质浓度有关,针对均匀沙,采用式(2.64)计算的沉速需进一步用下式进行修正[205]:

$$w'_s = \left(1 - 1.77\frac{C}{\rho_S}\right)^{2.5} w_s \tag{2.65}$$

$S_{cb}$ 是水中悬移质与床面泥沙的相互交换作用的体现,因此需要引入统一的经验公式刻画悬移质与底部泥沙交换量。根据 Van 的研究成果,单位时间内单位面积上泥沙与河床之间的质量交换,可采用通量起动函数(pick-up function)进行刻画[206]:

$$E_r = 0.00033D_*^3\rho_S\left[(s-1)gd_{50}\right]^{0.5}\left(\left|\frac{\tau^2 - \tau_{cr}^2}{\tau_{cr}^2}\right|\right)^{1.5}\text{sign}(\tau^2 - \tau_{cr}^2) \tag{2.66}$$

上式的单位为 kg/(m²·s)。在冲刷情况下,底部切应力大于临界切应力,由表达式(2.66)可知起动通量为正值,反之在淤积工况下起动通量为负值。从而式(2.62)的边界源项可表示为[207]:

$$S_{cb} = \alpha_s E_r \tag{2.67}$$

其中 $\alpha_s$ 为恢复饱和系数,冲刷时取 0.5 至 1.0,淤积时取 0.25 至 0.5。

### 2.5.3  推移质模型

推移质模型分为平衡态输运模型和非平衡态输运模型两类,非平衡态输运主要考虑水流对推移质输运在时间、空间上的不均匀性,其在时间尺度较长、空间尺度较广的河床演变研究中有重要的应用。平衡输运模型则相对较为简单,假定恒定水流下推移质的输运量是恒定的。由于本书所采用的算例均为小尺度算例,且在单位网格尺度单位计算时间内的推移质可近似认为是均匀的,因此采用平衡输运模型。当床面切应力大于泥沙起动临界切应力时,单位时间内单宽平均推移质输运量计算公式如下[204]:

$$q_b = 0.053\rho_s \left(\frac{\tau^2 - \tau_{cr}^2}{\tau_{cr}^2}\right)^{2.1} D_*^{-0.3} \left[(s-1)g\right]^{0.5} d_{50}^{1.5} \tag{2.68}$$

上式单位为 kg/(m·s)。从物理意义上而言,上式应当恒为正值。因此,当床面切应力小于泥沙起动临界切应力时,泥沙不起动,直接令推移质输运量为 0,不再采用上式计算。

### 2.5.4  动床模型

随着水流对泥沙的输运作用,床面形态也随之发生改变,本书基于床面局部的泥沙质量守恒,设 $z$ 向为铅垂方向,$x$、$y$ 方向为两正交的水平方向,建立如下方程:

$$\rho_s(1-\alpha)\frac{\partial z_b}{\partial t} + \frac{\partial q_{bx}}{\partial x} + \frac{\partial q_{by}}{\partial y} + S_{Cb} = 0 \tag{2.69}$$

其中,$\alpha$ 为河床孔隙率,$z_b$ 为河床高程。由于本书中河床流固耦合处采用动态浸没边界法进行处理,因此,此处的河床高程实质为浸没边界点的垂向坐标值。

# 2.6  河床矫正算法

根据文献检索,采用直接数值模拟研究桩柱局部冲刷等河床局部变形问题的成果尚未见报道。当采用紊流模型研究河床局部变形问题时,需要将河床附近的脉动速度进行模化,转化为额外的水流粘性,从而导致所求的床面切应力场失去了脉动的特征,其时空分布均相对平稳。而在直接数值模拟研究中,直接利用某时刻某位置的流速计算床面切应力。由于床面附近水流紊动强烈,脉动速度较大,直接数值模拟所得到的床面切应力时空波动非常剧烈,将其运用于泥沙模型计算时,会在局部导致较大的地形变化。另一方面,由于泥沙颗粒在水下有休止角的限制,床面在实际变动过程中存在临界坡度,这些过大的地形变化所构成的局部坡度远陡于临界坡度而实际不可能发生。若不进行处理而直接进行下一步计算,会导致得到的复杂床面地形严重失真,局部地形变化过于剧烈因而数值计算不稳定。常见的基于泥沙休止角的调整算法为单向扫描算法,主要基于质量守恒原则按某一方向逐点检查,若其与相邻点的坡度不满足要求,则按等比分配的原则进行调整。然而在矩形网格中,由某点决定的坡度有四个,不同的坡度应当按照不同的优先级进行调整,统一地采用单方向扫描存在一定的不合理性;另一方面,采用等比分配的方式进行河床高程的调整,等价于同化了不同坡度对节点的影响。总体而言,该算法可用于非结构化网格以及大尺度模拟中[218],而不适用于使用较为精细的直接数值模拟进行床面形态的细致研究。因此,本书提出了一种矩形网格上基于泥沙休止角的河床变形调整算法——同步河床调整算法(SBAM 算法,Simultaneity Bed Adjustment Method)。该算法的相关研究成果亦可见作者相关文献[234]。

## 2.6.1　SBAM 算法理论基础与技术实现

(1) 河床调整算法的基础理论是一个基本物理问题:一个质量为 $m$ 半径为 $r$ 的刚性小球 P,从一倾角为 $\theta$ 的斜坡上滚落,重力加速度为 $g$,示意图如图 2.2(a) 所示。当斜面摩擦系数较大时,小球的运动为纯滚动,即任意时刻小球与斜面之间不存在滑动。以小球与斜面接触点 A 列出动量矩方程:

$$mgr\sin\theta = J\alpha \tag{2.70}$$

其中小球 $\alpha$ 为角加速度,$J$ 为小球在 A 点的转动惯量;利用平移定理求得小球的转动惯量,即可得到角加速度:

$$\alpha = \frac{5g}{7r}\sin\theta \tag{2.71}$$

根据纯滚动运动方程,可以推求小球质心 P 点的加速度 $a_P$:

$$a_P = \frac{\mathrm{d}v}{\mathrm{d}t} = \frac{\mathrm{d}(\omega r)}{\mathrm{d}t} = \frac{\mathrm{d}(\omega)}{\mathrm{d}t}r = \alpha r = \frac{5}{7}g\sin(\theta) \tag{2.72}$$

由此可知小球质心为匀加速直线运动,进而可求得小球从坡顶滑落至坡脚的时间 $t$ 为:

$$t = \sqrt{\frac{2s}{a_P}} = \sqrt{\frac{14s}{5g\sin\theta}} = t(s,\theta) \tag{2.73}$$

其中 $s$ 为斜坡长度。

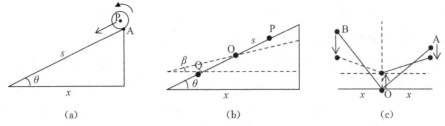

图 2.2　河床调整算法基本理论示意图

(2) 进而考虑在斜坡水平跨度固定为 $x$ 的前提下,斜坡上部的颗粒逐个发生纯滚动,向下滑落至坡底,并逐渐积累,从而导致斜坡倾角从初状态 $\theta$ 变为末状态 $\beta$ 的问题。如图 2.2(b)所示,以斜坡中点 O 为原点建立坐标系,初状态下,距 O 点为 $s$ 的斜坡面上 P 处有一小球,根据对称性可近似认为,在末状态其停留在 Q 点,对应的滚动距离为 $2s$。因此,整个问题所需要的时间 $T$ 可由下面的二重积分求得:

$$T = \int_{\theta}^{\beta}\int_{0}^{\frac{x}{2\cos\theta}} t(2s,\theta)\,\mathrm{d}s\,\mathrm{d}\theta = Kx^{1.5}\left[(\tan\beta)^{-1.5} - (\tan\theta)^{-1.5}\right] \tag{2.74}$$

斜坡最高点下降(或斜坡最低点上升)的平均速度为:

$$v = \frac{x(\tan\theta - \tan\beta)}{T} = \frac{1}{K}x^{-0.5}\frac{\tan\theta - \tan\beta}{(\tan\beta)^{-1.5} - (\tan\theta)^{-1.5}} \tag{2.75}$$

其中 $K$ 为常系数,与斜坡倾角无关。由以上两式可知,在该问题下,调整所需的时间尺度和平均速度仅与始末状态的斜坡倾角以及斜坡水平跨度有关。

(3) 最后以简化的均匀三节点两斜坡河床调整问题为例,介绍调整算法的理论模型。示意图如图 2.2(c)所示,假设水下泥沙休止角为 $\varphi$,斜坡 OA 和 OB

为超出临界坡度的两个陡坡,其斜坡水平跨度均为 $x$,且坡 OA 的倾角小于坡
OB,用 $y$ 表示各点的高度,用 $\theta$ 表示两斜坡的初始角度。根据式(2.74)判别可
知,OA 所需的调整时间将小于 OB 调整的时间,即在经历某 $t_A$ 时间后,OA 比
OB 先调整至临界坡,在此基于 OA 坡建立方程如下:

$$(y_A - \Delta y_A) - (y_O + \Delta y_O) = x\tan\varphi \qquad (2.76)$$

由于当 OA 在调整的同时,OB 坡也由于自身的不稳定性在发生调整,考
虑两斜坡同时发生调整,即 OB 坡也经历了 $t_A$ 时刻进行调整,即为同时性概念。
在假设调整的速度是均匀的,即 A 和 B 点的下降速度都是均匀的前提下,
则有:

$$\frac{\Delta y_B}{\Delta y_A} = \frac{v_B t_A}{v_A t_A} = \frac{\tan\theta_b - \tan\varphi}{\tan\theta_a - \tan\varphi} \cdot \left[\frac{(\tan\varphi)^{-1.5} - (\tan\theta_b)^{-1.5}}{(\tan\varphi)^{-1.5} - (\tan\theta_a)^{-1.5}}\right]^{-1} \qquad (2.77)$$

即期间 A、B 两点下降高度比等于速度比。

根据质量守恒方程,在斜坡跨度相等的前提下,A、B 点下降的高度应当与
O 点上升的高度相同,即

$$\Delta y_A + \Delta y_B = \Delta y_O \qquad (2.78)$$

将式(2.76)、(2.77)、(2.78)联立,即可求得 A、B、O 三点调整后的高程,
并且使 OA 坡满足临界坡度要求,以上即为一阶段调整。

但是此时 OB 坡尚未满足临界坡要求,因此,再建立二阶段调整,该阶段
OB 坡最终成为临界坡,即基于 OB 坡建立如下方程:

$$(y_B{}^1 - \Delta y_B{}^1) - (y_O{}^1 + \Delta y_O{}^1) = x\tan\varphi \qquad (2.79)$$

其中用上标 1 表示一阶段调整后结果,即

$$y_B{}^1 = y_B - \Delta y_B, y_O{}^1 = y_O + \Delta y_O \qquad (2.80)$$

由于二阶段 OA 坡已经达到临界坡,不再调整,OB 坡的质量守恒方程
如下:

$$\Delta y_B{}^1 = \Delta y_O{}^1 \qquad (2.81)$$

联立式(2.79)与式(2.81)即可求得 OB 坡经过调整后的结果,即为均匀三
节点两斜坡最终调整结果。

综合考虑上述调整过程,该求解方法主要利用了临界坡斜率方程、质量守恒方程以及调整速度比方程。因此该方法实际上将下述事实纳入考虑范围:由于 OA 和 OB 斜坡初始坡度不同,而导致的 A、B 两点对 O 点调整高程"贡献"的不同,显得更为符合实际。另一方面,该求解过程实质分为两个调整阶段,第一阶段为 OA 坡的调整,第二阶段为 OB 坡的调整,通过分阶段调整最终实现了两坡的综合调整。

值得注意的是,当与 O 点相连的斜坡增多时,调整的阶段也会相应增多。另外,针对三节点两斜坡算例,若 OB 坡度特别陡,且 OA 坡相对较缓时,在第二阶段调整后,O 点的高度上升,导致 OA 成为倒坡而且超出临界坡度。如图2.3 所示,图(a)为第一阶段 OA 坡调整后的结果,图(b)为第二阶段 OB 坡调整后的结果。由图(b)可知,由于 OB 坡坡度过陡,经过两阶段调整后,使得 O 点抬高至 $O^2$ 点,进而导致最终的 $O^2 A'$ 坡成为反向坡,且不满足临界坡度。因此,本书基于矩形网格,对网格节点提出分类,并给出相应的调整计算公式,使得调整算法既符合之前的基本求解思路,又避免了此类失真状况。

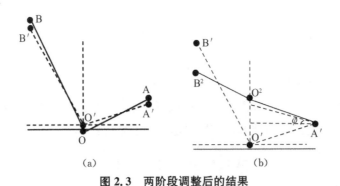

（a）  （b）

图 2.3  两阶段调整后的结果

## 2.6.2  中心节点的分类

在平面矩形网格下,任意一点(非边界点)均有四个节点与之相连,即为五节点四斜坡模型,其平面俯视图如图 2.4(a)所示。

O 点为中心节点,E、W、N、S 分别为与其相邻的四个节点,对应与 O 构成的斜坡为 $e$、$w$、$n$、$s$。水下休止角为 $\varphi$,其对应的坡度为临界坡度。若相邻节点高程高于中间点高程,且其对应的坡超出临界坡度,则称该坡为正坡;若相邻节点高程小于中间点高程,且其对应的坡超出临界坡度,则称该坡为负坡。对应的,若坡度小于临界坡度,则称为平坡;若等于临界坡度,则为临界正坡或临界负坡。

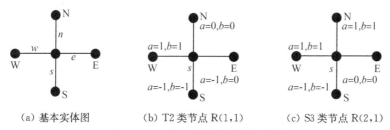

(a) 基本实体图    (b) T2 类节点 R(1,1)    (c) S3 类节点 R(2,1)

**图 2.4　五节点四斜坡模型示意图**

用 $y$ 表示各点的河床高程,$L$ 表示各斜坡水平跨度,与 O 点相邻的四点点集为 $P=\{E,W,N,S\}$。按照以下公式,计算各坡的斜率:

$$(k_p)_{p\in P}=\frac{y_p-y_O}{L_p} \tag{2.82}$$

若泥沙的水下临界休止角为 $\varphi$,进一步计算 $a_p$ 和 $b_p$:

$$(a_p)_{p\in P}=\begin{cases}\dfrac{k_p}{|k_p|} & |k_p|\geqslant\tan(\varphi)\\[2mm] 0 & |k_p|<\tan(\varphi)\end{cases}, \quad (b_p)_{p\in P}=\begin{cases}\dfrac{k_p}{|k_p|} & |k_p|>\tan(\varphi)\\[2mm] 0 & |k_p|\leqslant\tan(\varphi)\end{cases} \tag{2.83}$$

上式中 $a_p$ 与 $b_p$ 分别为含临界坡的坡比系数以及不含临界坡的坡比系数。将与 O 点相邻的四个含临界坡坡比系数 $a_p$ 构成系数集合 A。由上式可知,A 中可能存在的元素种类仅有 $0,-1,1$ 三种。正坡与临界正坡的系数为 1,负坡与临界负坡的系数为 $-1$,平坡的系数为 0。用下式统计 A 中 1 和 $-1$ 的个数,并形成有序数对 $Q(q_+,q_-)$:

$$q_+=\frac{\displaystyle\sum_{p\in P}|a_p|+\sum_{p\in P}a_p}{2}, \quad q_-=\frac{\displaystyle\sum_{p\in P}|a_p|-\sum_{p\in P}a_p}{2} \tag{2.84}$$

同样将 O 点相邻的四个不含临界坡坡比系数 $b_p$ 构成系数集合 B。B 集合中元素与 A 集合类似,唯一与 A 不同是 B 中的临界正坡与临界负坡的系数对应为 0。同样利用式(2.84)的形式统计 B 中 1 和 −1 的个数,并形成有序数对 $R(r_+, r_-)$。通过比较坡比系数可知,若 $R$ 与 $Q$ 相等,则 O 点周围不存在临界坡,若 $R$ 与 $Q$ 不等则存在临界坡。

本算法首先根据数对 $R$ 的性质,将中心节点 O 分成五个主类,并在五类中,将 $Q$ 与 $R$ 相等的坡分为 S 类,将 $Q$ 与 $R$ 不等的坡分为 T 类。具体分类见表 2.1:

表 2.1 五节点四斜坡模型中间节点 O 分类表

| 主类别 | $R$ 点形式 | S 类($Q=R$) | T 类($Q\neq R$) |
|---|---|---|---|
| 一 | (0,0) | S0 | T0 |
| 二 | (1,0);(0,1) | S1 | T1 |
| 三 | (2,0); (1,1); (0,2) | S2 | T2 |
| 四 | (3,0);(2,1);(1,2);(0,3) | S3 | T3 |
| 五 | (4,0); (3,1);(2,2);(1,3); (0,4) | S4 | — |

根据定义可知,T 类节点含临界坡,而 S 类节点不含临界坡。总结表 2.1 中分类以及命名规则:在同一主类中,$R$ 中的两元素之和相等,该和作为该类的命名数字。

### 2.6.3 各类节点调整公式的建立

所谓 SBAM 算法的同步性,即待调整的坡同时调整。为了满足该特性,在建立调整公式的过程中,需要对各节点进行分阶段调整并在各阶段引入形如式(2.77)的调整高度与滑落速度成比例的公式。

首先,根据定义和分类可知,若 O 点处于第一主类,则无需要调整的坡,因此无需调整。

#### 2.6.3.1 第二主类节点调整公式

第二主类的主要特征为节点 O 周围仅存在 1 个需要调整的正坡或者负坡,并附带一定数量的临界坡。因此该工况仅需要一个调整阶段,设该需要调整的坡为 1 坡,对应节点为 1 点,针对 1 坡建立方程如下:

$$y_1 - b_1\Delta y_1 - (y_O + \Delta y_O) = b_1 L_1 \tan(\varphi) \tag{2.85}$$

另一方面,质量守恒方程与子类类型有关:

$$\Delta y_O = \begin{cases} b_1 \Delta y_1 & O \in S1 \\ \dfrac{b_1}{1 + \sum\limits_{p \in P, p \neq 1} \left| \dfrac{a_p b_1 - a_p{}^2}{2} \right|} \Delta y_1 & O \in T1 \end{cases} \tag{2.86}$$

上式主要保证了当子类为 T 类时,由于调整 1 坡导致的 O 点上升(或下降)应当使周围相邻临界负坡(或正坡)随之上升(或下降)。联立式(2.85)和(2.86)即可求解出各点的调整高度,且能保证调整后各坡满足临界要求,各点调整后 O 点与 1 点的新高程计算公式如下:

$$y_O{}^1 = y_O + \Delta y_O \,, \ y_1{}^1 = y_1 - b_1 \Delta y_1 \tag{2.87}$$

若 O 为 T 类节点,还需更新其余点,即有:

$$y_P{}^1 = y_p + \left| \frac{a_p b_1 - a_p{}^2}{2} \right| \Delta y_0 (p \in P, p \neq 1) \tag{2.88}$$

该类由于仅存在一个调整阶段,因此步骤较为简单,其余类别则过程较为繁琐,为此先引入自定义函数:

$$SAB(x) = \frac{x}{|x|} \quad x \neq 0 \tag{2.89}$$

该函数功能实质与式(2.30)的取符号函数 $sign(x)$ 相同,但由于取符号函数通常用于乘法运算中,此处才重新定义函数 $SAB(x)$。

### 2.6.3.2　第三主类节点调整公式

第三主类的主要特征为节点 O 周围需要调整坡度数量为 2,即有 2 个待调整坡,T 类中还附带一定数量的临界坡。由于该类所需要的调整坡度有两个,因此需要经历两个调整阶段,依次调整。首先根据式(2.74)计算待调整坡所需要的调整时间,将其从小到大排序,不妨设从小到大下对应节点依次为 1 点和 2 点。

(1)第一阶段调整

针对所需调整时长最短的 1 坡进行调整,建立 1 坡的临界坡度方程:

$$y_1 - b_1 \Delta y_1 - (y_0 + \Delta y_O) = b_1 L_1 \tan(\varphi) \tag{2.90}$$

由于同时调整的思想,1、2 点在该阶段均需要调整,基于质量守恒建立与子类相关的方程如下：

$$\Delta y_O = \begin{cases} b_1 \Delta y_1 + b_2 \Delta y_2 & O \in \text{S2} \\ \dfrac{b_1 \Delta y_1 + b_2 \Delta y_2}{1 + \displaystyle\sum_{p \in P, p \neq 1, p \neq 2} \left| \dfrac{a_p SAB(b_1 \Delta y_1 + b_2 \Delta y_2) - a_p{}^2}{2} \right|} & O \in \text{T2} \end{cases}$$

(2.91)

根据之前的分析结果，2点和1点的调整高度应当满足以下比例关系：

$$\frac{\Delta y_2}{\Delta y_1} = \frac{L_2{}^{-0.5}(\tan\theta_2 - \tan\varphi)}{L_1{}^{-0.5}(\tan\theta_1 - \tan\varphi)} \cdot \left[ \frac{(\tan\varphi)^{-1.5} - (\tan\theta_2)^{-1.5}}{(\tan\varphi)^{-1.5} - (\tan\theta_1)^{-1.5}} \right]^{-1}$$

(2.92)

联立式(2.90)、(2.91)、(2.92)即可解得对应的调整高度，并得到该阶段末 O，1，2 点的新高程：

$$y_O{}^1 = y_O + \Delta y_O \ , \ y_1{}^1 = y_1 - b_1 \Delta y_1 \ , \ y_2{}^1 = y_2 - b_2 \Delta y_2$$

(2.93)

若 O 为 T 类节点，还需更新临界坡节点高程，即需有：

$$y_P{}^1 = y_p + \left| \frac{a_p SAB(b_1 \Delta y_1 + b_2 \Delta y_2) - a_p{}^2}{2} \right| \Delta y_0 \, (p \in P, p \neq 1, p \neq 2)$$

(2.94)

(2) 第二阶段调整

经过第一阶段调整后，O 节点原本待调整的两个坡已变为一个坡需要调整、另一个坡为临界坡，因此该节点可直接采用 T1 类节点计算公式进行计算，即采用第二主类节点调整计算公式即可。

### 2.6.3.3 第四主类节点调整公式

第四主类的主要特点为与 O 点相邻的坡仅有一个不需要调整，其余三个坡均需要调整，因此有三个调整阶段。同样利用式(2.74)计算各坡时间尺度并进行排序，从小到大对应节点为 1，2，3。

(1) 第一阶段调整

从调整时间最短的 1 节点开始，针对坡 1 建立临界坡面方程：

$$y_1 - b_1 \Delta y_1 - (y_O + \Delta y_O) = b_1 L_1 \tan(\varphi)$$

(2.95)

并建立如下的质量守恒方程：

$$\Delta y_O = \begin{cases} b_1\Delta y_1 + b_2\Delta y_2 + b_3\Delta y_3 & O \in S3 \\ \dfrac{b_1\Delta y_1 + b_2\Delta y_2 + b_3\Delta y_3}{1 + \left| \dfrac{a_4 SAB(b_1\Delta y_1 + b_2\Delta y_2 + b_3\Delta y_3) - a_4^2}{2} \right|} & O \in T3 \end{cases}$$

$$(2.96)$$

其中,2 点和 3 点的调整高度分别满足速度比要求:

$$\frac{\Delta y_2}{\Delta y_1} = \frac{L_2^{-0.5}(\tan\theta_2 - \tan\varphi)}{L_1^{-0.5}(\tan\theta_1 - \tan\varphi)} \cdot \left[ \frac{(\tan\varphi)^{-1.5} - (\tan\theta_2)^{-1.5}}{(\tan\varphi)^{-1.5} - (\tan\theta_1)^{-1.5}} \right]^{-1}$$

$$\frac{\Delta y_3}{\Delta y_1} = \frac{L_3^{-0.5}(\tan\theta_3 - \tan\varphi)}{L_1^{-0.5}(\tan\theta_1 - \tan\varphi)} \cdot \left[ \frac{(\tan\varphi)^{-1.5} - (\tan\theta_3)^{-1.5}}{(\tan\varphi)^{-1.5} - (\tan\theta_1)^{-1.5}} \right]^{-1} \qquad (2.97)$$

联立以上三式,求得各点调整高度后,更新调整节点如下:

$$y_O^{1} = y_O + \Delta y_O , \; y_1^{1} = y_1 - b_1\Delta y_1 , \; y_2^{1} = y_2 - b_2\Delta y_2 , \; y_3^{1} = y_3 - b_3\Delta y_3$$

$$(2.98)$$

若 O 为 T 类节点,则还需:

$$y_4^{1} = y_4 + \left| \frac{a_4 SAB(b_1\Delta y_1 + b_2\Delta y_2 + b_3\Delta y_3) - a_4^2}{2} \right| \Delta y_0 \qquad (2.99)$$

(2) 第二、第三阶段调整

经过第一阶段调整后,该节点已经转化为 T2 类节点,后续可采用 T2 类节点公式进行计算,即按第三主类阶段调整方法调整。

### 2.6.3.4　第五主类节点调整公式

在第五主类中,相邻的四个坡均需要调整,且无临界坡,因此仅有 S4 一类节点。同样利用式(2.74)计算各坡时间尺度并进行排序,从小到大对应节点为 1,2,3,4 点。相应的,该调整过程分为四个阶段。

(1) 第一阶段调整

针对 1 坡建立坡面方程如下:

$$y_1 - b_1\Delta y_1 - (y_O + \Delta y_O) = b_1 L_1 \tan(\varphi) \qquad (2.100)$$

其质量守恒方程如下:

$$\Delta y_O = b_1\Delta y_1 + b_2\Delta y_2 + b_3\Delta y_3 + b_4\Delta y_4 \qquad (2.101)$$

其余 3 节点调整高度与 1 节点调整高度满足比例满足调整速度比公式:

$$\frac{\Delta y_P}{\Delta y_1} = \frac{L_P^{-0.5}(\tan\theta_P - \tan\varphi)}{L_1^{-0.5}(\tan\theta_1 - \tan\varphi)} \cdot \left[\frac{(\tan\varphi)^{-1.5} - (\tan\theta_p)^{-1.5}}{(\tan\varphi)^{-1.5} - (\tan\theta_1)^{-1.5}}\right]^{-1} \quad p \in P, p \neq 1$$

$$(2.102)$$

联立上述三式求解调整高度后,将各节点高程更新如下:

$$y_O^{~1} = y_O + \Delta y_O$$
$$y_p^{~1} = y_p - b_p \Delta y_p \quad p \in P$$

$$(2.103)$$

(2) 剩余阶段调整

经过第一阶段调整后,该类转化为 T3 节点,采用第四主类节点计算公式进行计算即可。

### 2.6.4　河床矫正算法的有效性检验

#### 2.6.4.1　调整算法特性检验

SBAM 算法不仅具有同步性或可称为同时性的特性,还具有以下两大特性。

(1) 质量守恒性检验

该算法任意类节点在任意阶段调整过程中,均满足质量守恒要求。此处以第三主类节点第一调整阶段为例,验证该算法的质量守恒性。在质量守恒的前提下,调整前各节点的高程之和应当与调整后各节点的高程之和相等。S2 类节点显然成立,针对 T2 类节点,利用式(2.93)和(2.94)计算如下:

$$y_O^{~1} + \sum_{i=1}^{4} y_i^{~1} = y_O + \sum_{i=1}^{4} y_i + \left[\Delta y_O - (b_1\Delta y_1 + b_2\Delta y_2) - \right.$$
$$\left. \sum_{p=4}^{3}\left|\frac{a_p SAB(b_1\Delta y_1 + b_2\Delta y_2) - a_p^2}{2}\right|\Delta y_O\right]$$

$$(2.104)$$

将式 2.91 代入其中,即可得:

$$y_O^{~1} + \sum_{i=1}^{4} y_i^{~1} = y_O + \sum_{i=1}^{4} y_i$$

$$(2.105)$$

即经历第一阶段调整后,新河床高程之和与初始河床高度之和相等,从而满足质量守恒要求。

（2）临界坡保护性检验

该算法任意类节点在任意阶段调整过程中，T 类节点中的临界坡均受到保护。同样以第三主类 T2 类节点第一阶段调整为例，为了叙述简便，则可设 3 号坡为临界正坡，由临界正坡的定义可知，O 点下降时 3 点应对应下降，且 3 点不影响 O 点的上升。由式（2.93）与（2.94）得：

$$y_3{}^1 - y_o{}^1 = y_3 - y_o + \left( \left| \frac{a_3 SAB(b_1 \Delta y_1 + b_2 \Delta y_2) - a_3{}^2}{2} \right| - 1 \right) \Delta y_O$$

(2.106)

由式（2.91）可知，O 点调整高度与式（2.106）中函数 $SAB$ 中自变量同号。当 O 点下降时，该函数值为 $-1$，结合 3 为临界正坡，$a_3$ 为 1。代入计算可简化式（2.106）为：

$$y_3{}^1 - y_o{}^1 = y_3 - y_o$$

(2.107)

上式说明经第一阶段调整后，3 点和 O 点的高度差保持不变。上述分析过程所包含的物理意义为：若经第一阶段调整后 O 点下降时，临界正坡的 3 号坡对应的 3 点与 O 点高差调整前后保持不变，即调整后 3 号坡为临界正坡，并没有下降不足而成为陡坡或者调整过度而成为平坡，符合物理事实。另一方面，经由第一阶段调整后，若 O 点上升，则由式（2.94）可知对应的 3 号点调整高度为 0，说明调整过程中临界正坡不会限制 O 点的上升，自动不满足式（2.107），同样符合物理意义。

### 2.6.4.2　调整算法的优势

根据上述对 O 点的分类以及调整计算公式，可将 O 点周围所有不满足临界坡要求的坡度均进行调整，一次性使之同时满足临界坡要求，避免了节点扫描方向所引起的误差。该调整方法大大减少了河床调整的迭代次数，通常情况下计算一次即可满足要求。即使当 R 类存在过多接近临界坡的平坡，将该方法迭代四次即可获得满意的结果。该方法利用式（2.74）对各坡调整所需的时间尺度进行估计，遵循"快坡优先"的原则依次调整，并且在调整过程中考虑了不同坡度的调整时间尺度对调整过程的影响，既符合物理事实，又避免了出现过度调整而导致的失真问题。

## 2.7　复杂河床法向量计算方法

在泥沙模块计算中,常常需要计算复杂河床面局部的水力要素和泥沙参数:例如河床底部流速大小、河床切应力方向、推移质在各方向的分量等。这些物理量均与河床的局部法向量直接相关,其精度也决定了泥沙模型的计算精度。通常情况下,连续曲面 $\Omega$ 在某点 $x_0$ 处的单位法向量可用下式进行计算:

$$\vec{N} = \left( \frac{\partial \Omega}{\partial x}, \frac{\partial \Omega}{\partial y}, \frac{\partial \Omega}{\partial z} \right) \Big|_{x=x_0} \tag{2.108}$$

$$\vec{n} = \frac{\vec{N}}{\parallel \vec{N} \parallel} \tag{2.109}$$

虽然连续曲面被离散后信息缺失,仍可假设其具有连续的一阶偏导数,进而利用中心差分格式求解某点局部法向量,当离散网格足够细致时,可获得一定的精度。然而在直接数值模拟中,河床面用浸没边界点表示,由于河床地形复杂,基于曲面光滑性假设的中心差分格式会存在较大的误差。因此本书提出一种基于矩形网格节点离散曲面的计算法向量方法,用于计算曲面局部法向量,称之为切割平面法(SPM,Segment Plane Method)。

### 2.7.1　切割平面法

本书采用切割平面的方式计算 $O(i,j)$ 处的局部法向量(其中 $i,j$ 为网格坐标),利用与 O 点相邻的其余八个点,构成四个切割平面,如图 2.5 所示。图 2.5(a)中阴影面为 $s$ 面,虚线构成 $w$ 面,图 2.5(b)中阴影面为 $n$ 面,虚线构成 $e$ 面。

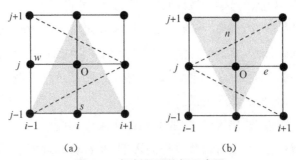

图 2.5　切割平面俯视示意图

分别计算四个平面的单位法向量,并采用加权的方式将其组合,作为 O 点局部法向量的近似：

$$\vec{n}_O = \lambda\,\frac{\vec{n}_e + \vec{n}_w}{2} + (1-\lambda)\,\frac{\vec{n}_s + \vec{n}_n}{2} \qquad (2.110)$$

$$\lambda = \frac{D(j+1, j-1)}{D(i+1, i-1) + D(j+1, j-1)} \qquad (2.111)$$

其中 $D(i+1, i-1)$ 表示图 2.5 中 $i+1$ 网格线和 $i-1$ 网格线之间的距离。

## 2.7.2　切割平面法误差分析

为了验证该算法的精度,此处将切割平面法应用于求解已知曲面的局部发现量。常见的二次曲面有半球面、马鞍面等,其表达式如下所示：

$$\Omega_s : y = \sqrt{1^2 - x^2 - z^2}$$
$$\Omega_h : y = xz \qquad (2.112)$$

以 XOZ 为平面,采用不同尺度的均匀矩形网格将上述曲面进行离散,半球面的离散域为其定义域,马鞍面离散域为边长为 10 的正方形。并且应用切割平面法求解各点的局部法向量,将不同网格下该曲面所有节点的平均相对误差统计于表 2.2 中：

表 2.2　切割平面法计算误差表

| 半球面 $\Omega_s$ | | | | | 马鞍面 $\Omega_h$ | | | | |
|---|---|---|---|---|---|---|---|---|---|
| 网格面积 | DX/DZ | $nx\%$ | $ny\%$ | $nz\%$ | 网格面积 | DX/DZ | $nx\%$ | $ny\%$ | $nz\%$ |
| 0.002² | 1 | 0.001 | 0.002 | 0.001 | 0.002² | 4 | 0 | 0 | 0 |
| | 4 | 0.002 | 0.004 | 0.004 | 0.02² | 1 | 0.000 1 | 0 | 0.000 1 |
| | 0.25 | 0.004 | 0.004 | 0.002 | | 4 | 0 | 0 | 0.000 1 |
| 0.02² | 1 | 0.082 | 0.244 | 0.082 | 0.2² | 0.25 | 0.011 2 | 0.005 | 0.000 9 |
| | 4 | 0.167 | 0.412 | 0.369 | | 1 | 0.005 2 | 0.005 | 0.005 2 |
| | 0.25 | 0.369 | 0.412 | 0.167 | | 4 | 0.000 9 | 0.005 | 0.011 2 |

针对半球面的法向量计算结果可知,在同样网格面积下,若矩形网格的两边长之比为 1∶1,则所求的法向量三个分量误差相比其余情况更小,且网格面积越小,求解精度越高。相比而言,用平面切割法求解马鞍面时,网格面积无需

很小即可获得较高的精度。总体而言,当网格面积有一定保证后,该方法求解法向量的误差均可控制在千分之一以内。

## 2.8    内波条件下泥沙起动矫正

分层环境下内孤波诱导的流场结构与纯流环境下有较大的差异,分层界面的强剪切流场以及波形诱导的非均匀流场均对底部泥沙起动有一定影响。因此,依托 Aghsaee 的相关研究成果[235],本书针对内波条件下的床面泥沙起动,在依据传统希尔兹曲线($\theta_\sigma$)判别泥沙起动的基础上,增加内波条件下的判别($\theta_{isw}$),共同对床面泥沙起动进行判别。具体方法如下:

$$L_{isw} = S_{isw}/a_w = \int_{-\infty}^{+\infty} \eta(x)\,\mathrm{d}x/a_w \qquad (2.113)$$

$$u_2 = \frac{-c_0 \cdot a_w}{h_2 - a_w} \qquad (2.114)$$

$$Re_{isw} = |u_2| \cdot \sqrt{L_w/[\nu \cdot (|u_2| + c_0)]} \qquad (2.115)$$

$$\theta_{isw} = \frac{\rho_2 w_{max}}{(\rho_s - \rho_2)gd_{50}} = \frac{\rho_2 c_0{}^2(0.09\ln Re_{isw} - 0.44^2)}{(\rho_s - \rho_2)gd_{50}} \qquad (2.116)$$

其中,$L_{isw}$ 为内孤波广义波长,$\eta$ 为内界面的位移,$c_0$ 为线性波速,$a_w$ 为内孤波波幅,$h_2$ 为下层水体水深,$\rho_2$ 为下层水体密度。通过上述计算过程可知,该系数综合考虑了内孤波传播过程中波形变异、诱导水平流速、诱导垂向流速等多因素对泥沙的起动影响。本系数在模拟中的计算难点在于计算出实时的内波包的面积 $S_{isw}$。本文通过离散方法,可以在计算过程中对内波包进行实时求解,并计算出实时的 $\theta_{isw}$,对床面泥沙的起动情况进行判断。

Aghsaee 的研究成果表明,当 $\theta_{isw} > 0.7$,则认为泥沙起动,反之则不起动。因此,本文采用传统希尔兹曲线($\theta_\sigma$)判别泥沙起动和内波条件下的判别($\theta_{isw}$)共同作为内孤波泥沙起动的判别条件,即仅当传统 Shields 数和内波 Shields 数均满足起动条件时,泥沙才可在内波的条件下起动。结合不等约束的 KKT 条件判别思想[144],可确定某判别的临界必要条件,若某泥沙起动判别以 $\theta_{isw}$ 为必要条件,则需进一步求得临界条件下各内孤波工况所对应的传统 $\theta_\sigma$,结合式

(2.59)、式(2.60)、式(2.66)与式(2.68),统一矫正泥沙的上扬通量,保证泥沙
浓度通量的时空连续性。

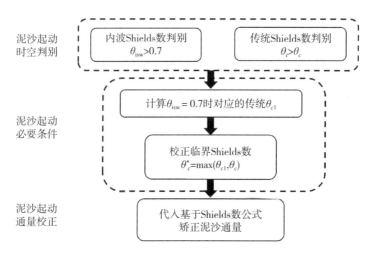

**图 2.6　内波环境下泥沙起动矫正流程**

# 2.9　本章小结

本章介绍了本书所建立的数学模型的理论基础及其求解方法,着重介绍了
为模拟河床变形而在 CgLES 代码上新增的泥沙模块,该模块包括泥沙起动的
判别、输移过程及河床连续变形模拟。将泥沙输运分成推移质输运和悬移质输
运两部分进行计算,并将其引入河床连续性方程改变河床形态。针对其中可能
遇到的河床地形局部失真、河床附近水力要素计算难度较大等问题,提出并实
现了河床调整算法(SBAM)以及切割平面法(SPM);为了捕捉河床变化的动态
过程,对传统的浸没边界法进行了改进,实现了动态浸没边界法。本书所建立
的动床直接数值模拟模型的整体计算流程如图 2.7 所示。

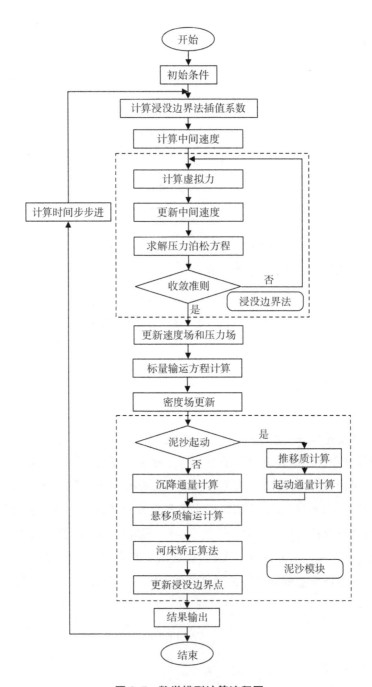

图 2.7 数学模型计算流程图

# 第 3 章

# 纯流条件下的圆型桩柱局部冲刷研究

目前,圆型桩柱局部冲刷的实验研究已经较为完善,相关直接数值模拟研究报道相对较少,精细模拟纯流条件下圆柱型桩柱局部水流结构,明晰局部冲淤规律,是探究密度分层环境下内孤波对泥沙的起动与局部冲刷作用的基础。因此,本章主要开展纯流条件下圆型桩柱局部冲刷直接数值模拟研究,一方面对圆型桩柱周围和冲刷坑内三维水流结构进行分析,探究、补充完善纯流条件下局部冲刷发展机理。另一方面也对本书所建立的数值模型及其并行计算、所提出的动态浸没边界法和河床调整算法等算法进行验证,为后续研究斜坡地形上的桩基局部冲刷作铺垫。

# 3.1　桩柱绕流水动力及泥沙起动模型验证

在开展圆型桩柱局部冲刷的直接数值模拟研究前,先通过圆柱绕流算例和明渠流算例对本书采用的浸没边界法以及泥沙输运公式进行验证。

## 3.1.1　圆柱绕流算例验证

本节设计的圆柱绕流算例为二维算例,选取典型绕流雷诺数 $Re_D$ 为 3 900 ($Re_D = U_0 D/\nu$, $U_0$ 为入流平均流速,$D$ 为圆柱直径)。模型计算区域大小参照 Kravchenko 的数模结果[219],设置为 $30D \times 20D \times \pi D$,坐标轴原点设置在桩柱中轴线,$X$ 方向为顺流向,$Y$ 方向垂直于流向,$Z$ 为铅垂方向。顶部和底部($+z$ 面和 $-z$ 面)设为滑移边界,两侧为不可滑移边界($+y$ 面和 $-y$ 面),$-x$ 面为入流边界,$+x$ 面为自由出流边界,如图 3.1 所示($Lz/D = \pi$):

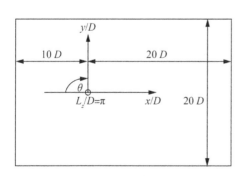

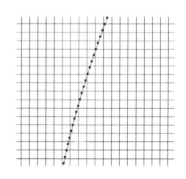

图 3.1　绕流验证算例计算区域　　　图 3.2　柱周浸没边界点分布图

Kravchenko 在模拟雷诺数为 3 900 的二维圆柱绕流时,曾对计算区域的垂向(Z 向)长度和网格数量进行敏感性分析,研究表明:当垂向网格长度设为 πD,垂向网格设置 4 个以上时,即可以得到准确的二维绕流结果[219]。因此,在垂向设置网格数量为 8,对比工况以及本书设计工况的参数见表 3.1:

表 3.1　验证工况参数设置

| 工况 | 水平网格尺度大小 | 网格 | 模拟方式 | 无量纲时间步长($\Delta t'$) | 作者 |
|---|---|---|---|---|---|
| LES | 1/20D | 贴体网格 | LES | — | Sidebottom |
| Franke (2002) | — | 贴体网格 | LES | — | Franke |
| DNS | 1/50D | 矩形网格 1 536 * 1 024 | DNS | 0.005 | 本书 |

其中无量纲时间步长 $\Delta t' = \Delta t U_0 / D$。在采用浸没边界法进行流固耦合计算时,要求固体边界所经过的每一个计算网格内都至少拥有一个浸没边界点,本次计算的柱周浸没边界点分布局部图如图 3.2 所示。

提取典型位置处的平均水平流速的垂向分布(工况 DNS),与工况 Franke (2002)[220] 和工况 LES(Sidebottom)[221] 的研究结果进行比较,为了精准比较,此处利用入流流速 $u_0$ 对其进行无量纲化,对比结果如图 3.3 所示:

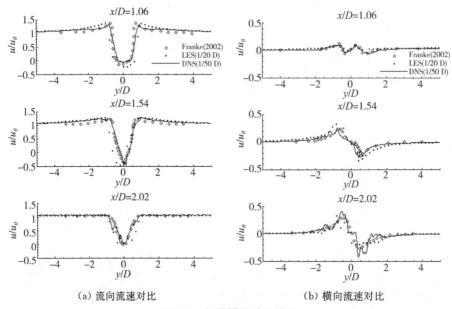

(a) 流向流速对比　　　　　　　(b) 横向流速对比

图 3.3　数值模拟验证结果

该结果为在无量纲时间 $T^* = 100$ 时刻($T^* = TU_0/D$)的结果。左图[图 3.3(a)]为沿流向的无量纲平均流速垂向分布。该流速分布大致呈现出关于桩柱中轴($y/D=0$)对称的趋势,在离桩柱较近的位置处($x/D=1.06$),该流速分布呈"U"型,而在离桩柱稍远处($x/D=1.54$),流速分布呈"V"型。此外,两处的无量纲流速值在桩柱中轴线位置均为负值,表明桩柱背后存在一定的回流现象,该回流区止于 $x/D=2.02$ 处。右图[图 3.3(b)]为垂直于主流方向的横向无量纲平均流速垂向分布。随着向下游的发展,无量纲横向流速的垂向分布逐渐关于桥渡中轴呈反对称趋势,横向流速的峰值大致产生在 $y/D=1.2$ 处,即柱周偏外侧。除此之外,模拟结果表明,DNS 所得的无量纲横向流速空间波动比其他两个结果均要多,但就总体趋势而言,两者的结果基本一致。该算例说明本书采用的浸没边界法可以成功处理流固耦合交界面的模拟问题。

### 3.1.2　矩形断面明渠含沙水流算例验证

本节设置的矩形断面的明渠算例分为两部分,分别为纯水明渠槽道和含沙明渠槽道。

#### 3.1.2.1　纯水明渠槽道算例

参照前人研究,此算例的流动雷诺数 $Re$ 取为 3 300,对应的紊动雷诺数 $Re_\tau$ 取为 180[222],具体计算公式如下所示:

$$Re = \frac{u_0 h}{\nu} \tag{3.1}$$

$$Re_\tau = \frac{u_\tau h}{\nu} \tag{3.2}$$

其中 $u_0$ 为水槽平均流速,$u_\tau$ 为底部摩阻流速,$h$ 为水深,$\nu$ 为水流粘性。

所建立的数值水槽 $X$ 向为主流方向,$Y$ 向为铅直方向,$Z$ 向为垂直于水流的水平方向。流向($+x$ 面和 $-x$ 面)和展向($+z$ 面和 $-z$ 面)均设置为周期边界,底部床面($-y$ 面)设置为不可滑移固壁边界,顶部边界设为刚盖边界($+y$ 面)。具体参数见表 3.2:

表 3.2　清水槽道工况 DNS 参数表

| $Lx$ | $Ly$ | $Lz$ | $Nx \times Ny \times Nz$ | $\triangle x^+$ | $\triangle y^+$ | $\triangle z^+$ |
|------|------|------|--------------------------|-----------------|-----------------|-----------------|
| $6h$ | $h$ | $2h$ | $128 \times 64 \times 64$ | 8.4 | 2.8 | 5.6 |

表中 $L$ 为对应方向尺寸,$N$ 为对应方向的网格数,无量纲网格间距计算公式如下:

$$\Delta x^+ = \frac{\Delta x \cdot u_\tau}{\nu} , \ \Delta y^+ = \frac{\Delta y \cdot u_\tau}{\nu} , \ \Delta z^+ = \frac{\Delta z \cdot u_\tau}{\nu} \tag{3.3}$$

根据壁函数对数流速分布理论模型(以下简称壁函数理论模型),可知主流向的无量纲流速与无量纲壁面距离之间存在如下关系:

$$U^+ = \frac{u}{u_\tau} = \begin{cases} y^+ & y^+ < 5 \\ \dfrac{1}{\kappa}\ln(y^+) + 5.5 & y^+ > 30 \end{cases} \tag{3.4}$$

其中,冯卡门常数 $\kappa$ 为 0.41。

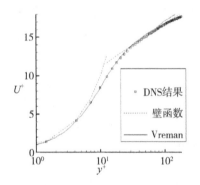

图 3.4　主流向无量纲平均流速分布图　　图 3.5　能谱频率关系图

图 3.4 为直接数值模拟结果、壁函数理论模型以及 Vreman 的数模结果[222]的比较。由图可知当离壁面较近时,本书 DNS 计算结果与 Vreman 数值模拟结果吻合良好,当离壁面较远时,理论模型与 Vreman 数值模拟结果存在少许偏差,但与本书 DNS 结果符合良好。另一方面,利用相关函数以及傅里叶变换,可以得到关于主流流速的能谱与频率关系图,如图 3.5 所示,由图可知,在双对数坐标系下,在频率为 3 到 7 的范围内,能谱的斜率满足 −5/3 率。总体而言,本次明渠槽道的纯水流 DNS 结果令人满意。

### 3.1.2.2　含沙明渠槽道算例

为了进一步验证本书所选取的泥沙上扬通量边界条件、泥沙沉降速度计算公式以及标量输运方程的准确性,本书建立循环水槽,并选取流动雷诺数 $Re$ 为 22 500,对应粒径雷诺数 $Re_d$ 为 588 的非粘性沙起动算例,其中流动雷诺数同式(3.1),粒径雷诺数计算公式为如下:

$$Re_d = \frac{u_0 d_{50}}{\nu} \tag{3.5}$$

其中 $d_{50}$ 为泥沙中值粒径,此次算例中设为 0.385 mm。

为了与研究者成果相比较,此处坐标系的建立与清水工况稍有不同,所建立的数值水槽 $X$ 向为主流方向,$Y$ 为垂直于水流的水平方向,$Z$ 向为铅直方向。流向($+x$ 面和 $-x$ 面)和展向($+y$ 面和 $-y$ 面)均设置为周期边界,底部床面($-z$ 面)设置为不可滑移固壁边界,顶部边界设为刚盖边界($+z$ 面),具体参数见表 3.3:

**表 3.3　含沙槽道工况 DNS 参数表**

| $Lx$ | $Ly$ | $Lz$ | $Nx \times Ny \times Nz$ | $\triangle x^+$ | $\triangle y^+$ | $\triangle z^+$ |
|------|------|------|--------------------------|-----------------|-----------------|-----------------|
| $6H$ | $2H$ | $H$ | $512 \times 256 \times 256$ | 4.2 | 2.3 | 1.4 |

在计算开始时,水体中并不含沙,但由于水流流动雷诺数较大,超过了泥沙起动的临界流速,可以将河床底部的沙粒卷起,并挟带着向下游传播。另一方面,由于沙粒在水中受重力作用,会发生沉降,最终回归河床。随着流动的发展,水流的挟沙与沙粒的沉降达到动态平衡,水中的含沙浓度分布也趋于稳定。Van 等人将达到动态平衡时距离床面距离为 $a$ 处的悬移质浓度定义为参考浓度 $C_a$,其中 $a$ 的取值为[223]:

$$a = \max\{0.01H, 2d_{50}\} \tag{3.6}$$

Van 等人研究表明,水体中的悬移质浓度经参考浓度无量纲化后与垂向距离满足以下关系[223]:

$$\frac{C}{C_a} = \left(\frac{1-\eta}{\eta} \cdot \frac{a}{1-a}\right)^{Z_r} \tag{3.7}$$

$$Z_r = \frac{\omega_s}{\kappa u_\tau} \tag{3.8}$$

$$\eta = (z-a)/H \tag{3.9}$$

在水槽经历充分时间计算后,可以认为计算区域内的水沙交换达到稳定,选取水槽中各条垂线的悬移质浓度分布(numerical),与理论结果(theory)比较如图 3.6 所示。

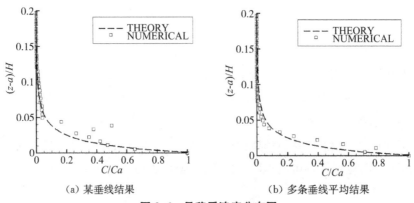

| (a) 某垂线结果 | (b) 多条垂线平均结果 |

**图 3.6　悬移质浓度分布图**

左图[图 3.6(a)]为某垂线上的悬移质浓度分布,右图[图 3.6(b)]为多条垂线平均悬移质浓度的分布。总体而言,垂线平均的悬移质浓度数值模拟结果的散点呈指数函数趋势,分布在理论曲线的周围,说明模拟结果与理论吻合良好。另一方面,单条垂线上的悬移质浓度大致与理论吻合,只有在接近床面的区域存在一些差异,主要是因为床面附近水流紊动强,流速波动大,导致浓度局部偏高。

以上算例表明,本书建立的模型可以准确模拟水流的流动和紊动特性,悬移质的上扬、沉降和输运过程。

# 3.2　纯流下桩柱局部冲刷的直接数值模拟

## 3.2.1　圆型桩柱局部冲刷计算工况设计

圆型桩柱局部冲刷的工况设计主要包括几何尺寸设计、水流条件设置、泥沙参数设置等方面,以下进行各方面阐述。

### 3.2.1.1　模型几何尺寸

本书选取 Meville 的动床冲刷物理研究实验作为参照,拟将其冲刷坑的发展过程与本书数值模拟结果作对比,因此,在此次圆型桩柱局部冲刷算例中,桩柱直径 $D$ 固定为 5.08 cm,并设置计算区域大小为 1.0 m×0.19 m×0.46 m (分别对应 $X,Y,Z$ 方向)。如图 3.7 所示,其中 $X$ 为顺水流方向,$Y$ 为铅直方向,$Z$ 为展向。床面初始高度 $yb_0$ 设置为 0.04 m,该面在后文称为平床面,因而实际过流水深 $H$ 为 0.15 m。桩柱中轴线位置位于 $X_C=0.655$ m 的水槽中轴线上。这些几何尺寸均和 Meville 的物理模型实验尺寸保持一致。用桩柱直径无量纲化后的尺寸见表 3.4。其中,床面和桩柱均采用浸没边界法进行模拟,且床面为动态浸没边界点。

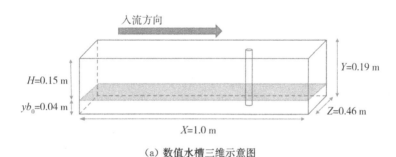

（a）数值水槽三维示意图

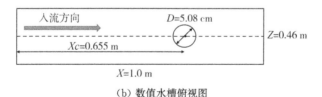

（b）数值水槽俯视图

**图 3.7　计算区域几何尺寸示意图**

**表 3.4　局部冲刷工况计算区域无量纲尺寸表**

| 顺流方向<br>（$X$ 方向） | 铅直总长<br>（$Y$ 方向） | 宽度方向<br>（$Z$ 方向） | 柱中心距上游位置<br>（$X_C$） | 过流水深<br>（$H$） |
|---|---|---|---|---|
| 19.69$D$ | 3.74$D$ ` | 9.06$D$ | 12.89$D$ | 2.95$D$ |

### 3.2.1.2　水流条件与泥沙条件

参照 Meville 的实验研究,本书计算区域所产生的流动具有紊流特性,垂向平均流速 $u_0$ 恒定为 0.25 m/s,对应过流流量为 0.017 25 m³/s。对应圆柱绕

流雷诺数 $Re_D$ 为 12 700,其中,圆柱绕流雷诺数的计算公式为:

$$Re_D = \frac{u_0 D}{\nu} \tag{3.10}$$

Meville 实验中所选的沙床由粒径分布在 0.1 mm 至 1 mm 之间非均匀非粘性沙粒构成,对应中值粒径 $d_{50}$ 为 0.385 mm,沙粒密度 $\rho_s$ 为 2 650 kg/m³,孔隙率 $\alpha$ 约为 50%,饱和状态下水下泥沙休止角为 32°。在本次数模中,采用均匀非粘性沙公式计算河床变形,因此统一采用粒径大小为 0.385 mm 的沙粒刻画沙床性质,沙粒干密度,孔隙率以及水下泥沙休止角均与实验保持一致。通过计算水流床面切应力以及泥沙起动所需的临界切应力,可知此工况下,两者之比在 1 附近。

### 3.2.1.3 边界条件

根据水流条件和泥沙条件以及图 3.7(a),计算区域入流边界(-x 面)为给定流速分布边界,出流边界(+x 面)为自由出流边界,底部和顶部壁面(y 面)均为固壁滑移边界,展向壁面(z 面)为不可滑移固壁边界。以下对边界条件的选取进行两点说明。其一,针对顶部边界。本次模拟中,由于水槽平均流速相对较小,用式(3.11)对应弗劳德数($Fr$ 数)为 0.2,因此自由表面对水流流动的影响可以忽略,可以用刚盖假定进行模拟。其二,针对底部边界。数值模拟中真正的床面由浸没边界点构成,而非计算区域的底部边界(-y 面),因此计算区域的底部边界即使设置为滑移边界也不影响研究区域内结果。

$$Fr = \frac{u_0}{\sqrt{gH}} \tag{3.11}$$

### 3.2.1.4 网格尺度与无关性研究

在进行数值计算时,网格的划分以及疏密程度均对计算结果有一定影响。通常来说,网格越密,所求结果越准确,但同时会耗费大量计算资源。因此,以下根据网格尺度不同形成 T1、T2、T3 三种工况,进行网格无关性分析,具体工况见表 3.5。由于此处仅检验网格尺度对计算区域的影响,因此下列工况均是定床工况结果,即床面在计算过程中不产生变形。

表 3.5　网格无关性分析工况

| 工况 | 网格 | $\Delta x^+$ | $\Delta y^+$ | $\Delta z^+$ | $St$ |
|---|---|---|---|---|---|
| T1 | 1 024×256×512 | 2.34 | 1.78 | 2.16 | 0.23 |
| T2 | 512×128×256 | 11.72 | 8.91 | 10.78 | 0.18 |
| T3 | 2 048×256×1 024 | 1.17 | 0.88 | 1.08 | 0.23 |

Meville 实验的 $St$ 数:0.19 至 0.23

表中最后一列各工况下的斯特劳哈尔数($St$),是刻画圆柱绕流流动特性的重要指标,计算公式为:

$$St = \frac{fD}{u_0} \tag{3.12}$$

此处 $f$ 为绕流涡脱频率。

通过比较表中数据可发现,T1 工况和 T3 工况的 $St$ 数为 0.23,而与 T2 工况的 0.18 存在差异。另一方面,在 Meville 的实验中,多数观测断面的 $St$ 值均为 0.23,而仅有少数观测断面的 $St$ 值为 0.19,据 Meville 的分析认为,可能是桩柱冲刷坑的形成导致近桩柱断面测得的涡脱频率有所降低。在不考虑河床变形的网格无关性算例中,可以认为 $St$ 数 0.23 的工况与实验结果一致。通过综合对比 T1、T2、T3,可知 T1 工况下的网格密度适宜,满足精度要求。因此以下用 T1 网格密度进行桩柱冲刷直接模拟研究。

### 3.2.2　桩柱周围水流结构

为了便于描述局部冲刷坑发展随时间变化的过程,定义无量纲时间 $T^*$ 如下:

$$T^* = \log\left(\frac{u_0 t}{D}\right) \tag{3.13}$$

其中 $t$ 为模拟时间,在本次模拟中,由于水槽平均流速和桩柱直径均为定值,因而无量纲时间 $T^*$ 的变化实质就是时间的变化。另一方面,无量纲时间 $T^*$ 与实际时间 $t$ 之间存在对数映射的关系,这一转化有利于展示前期短时间内(尤其是 $T^* < 2$ 时)的局部冲刷坑的形成与发展规律。

局部冲刷坑周围的水流结构主要包括柱前下降水流、柱周马蹄涡结构以及柱后上升水流、卡门涡街等一系列特征水流。由于本算例出口离桩柱不远,无法完全捕捉沿着流向尺度较大的下游卡门涡街。为了描述桩柱周围的水流结构,在俯视图上对于任意一动点 P 定义两个几何变量,分别为迎流角 $\gamma$ 以及距桩柱中心 O 的相对距离 $r$,如图 3.8 所示,箭头为主流方向,虚线为水槽中轴线。其中 $\gamma$ 为有向线段 OP 与水槽中轴线的夹角,以逆时针为正,范围为 -180 度至 180 度,当有向线段 OP 与水槽中轴线重合且与主流方向相反时为 0。距桩柱中心 O 的相对距离 $r$ 则定义为有向线段 OP 的长度 $R_0$ 与桩柱直径 $D$ 的比值,对于桩柱外部的点,$r$ 的最小值为 0.5。通过上述定义可以采用数对 $(r, \gamma)$ 描述俯视图上任意位置。

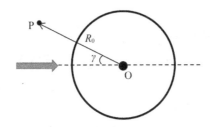

图 3.8　几何变量定义示意图

### 3.2.2.1　桩柱冲刷初期的水流结构

在初期,桩柱局部地形变化比较微弱,其对水流的反馈作用相对较小,因此水流结构在桩柱局部冲刷产生的初期变化相对较小,近似于平床条件下的三维水流结构。如图 3.9 所示为 $T^* = 1.54$ 时指定截面的流速分布云图。

如图 3.9 所示,选取的三个截面分别为 $y=0.041$ m、$y=0.061$ m 和 $y=0.081$ m 处,分别对应于距离平床面 0.001 m、0.02 m 和 0.04 m。图 3.9 中(a)-(c)为顺水流方向流速 $u$ 云图(X 方向流速)。对比三图可以发现,在接近床面的切面图(a)中,在柱前存在较大的反向流动,主要反向流动区对应 $\gamma$ 范围为 -23.5 度至 23.5 度,$r$ 值在 0.5 到 1 之间。相比而言,随着截面远离平床面,柱前反向流动区范围迅速减小,其 $\gamma$ 值的绝对值小于 15 度,$r$ 也不超过 0.6。图 3.9 中(d)-(f)为铅直方向流速 $v$ 云图(Y 方向流速)。从图(e)、(f)可以看出,在 $\gamma$ 绝对值小于约 105 度的范围内铅直流速为负值,即由于桩柱阻水作用而产生的柱前下降水流。相对的,在 $\gamma$ 绝对值大于 119.1 度时为正值,即柱后上升流。通过观察接近平床面的图(d)可以发现,铅直流速云图形态与其余两截面存在较大差异,首先是柱后并没有明显的上升水流,其次是由于床面的阻水与反弹作用,使得负流速区域的边缘存在一定的正流速区。此外,值得注意的是,负流速区内其极值对应的位置约为 $\gamma=49.8$ 度。

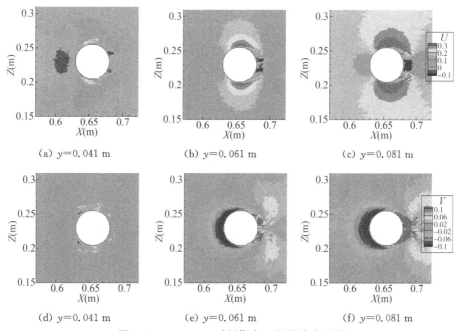

(a) $y=0.041$ m　　　　(b) $y=0.061$ m　　　　(c) $y=0.081$ m

(d) $y=0.041$ m　　　　(e) $y=0.061$ m　　　　(f) $y=0.081$ m

**图 3.9　$T^*=1.54$ 时刻指定 $Y$ 剖面流速云图**

### 3.2.2.2　桩柱冲刷坑发展过程中的水流结构

a) 柱前下降水流和柱后上升水流

对桩柱冲刷初期的桩柱周围水流结构的分析表明,床面变形对水流影响较小。而随着桩柱冲刷坑的进一步发展,底部地形对水流的影响愈加明显,本节选取 $T^*=2.80$ 与 $T^*=3.14$ 时刻,对桩柱周围以及冲刷坑内的水流结构作进一步分析。

图 3.10 中(a)与(c)为偏上游 $x$ 剖面图($\gamma<90$ 度),其中 $x=x_c-rD\cos(\gamma)=0.635$ m。由剖面流速图可知,在桩柱附近(即 $r=0.5,\gamma=37.5$ 度)有明显的流速负值,对应之前分析可知其即为柱前下降水流。该下降水流直达冲刷坑底部,冲击底部河床,经床面阻挡后沿着冲刷坑向两侧流出。另一方面,将图3.10(a)与(c)对比可知,在冲刷坑较深的 $T^*=3.10$ 时刻,下降水流受到干扰,

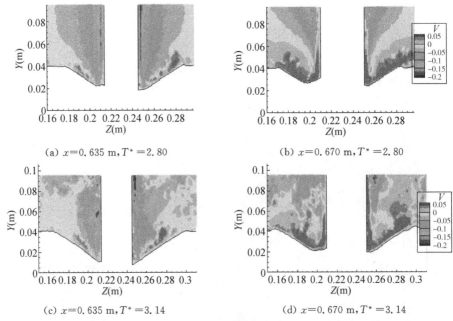

(a) $x=0.635$ m, $T^*=2.80$       (b) $x=0.670$ m, $T^*=2.80$

(c) $x=0.635$ m, $T^*=3.14$       (d) $x=0.670$ m, $T^*=3.14$

**图 3.10 $T^*=2.80$ 与 3.14 时刻指定 $X$ 剖面铅垂流速云图**

对底部河床的冲击作用与 $T^*=2.8$ 时刻相比较小。图 3.10 中(b)与(d)为偏上游 $X$ 剖面图($\gamma > 90$ 度),其中 $x=x_c - rD\cos(\gamma)=0.670$ m。在桩柱附近(即 $r=0.5, \gamma = 126.5$ 度)出现的流速正值,即为上升水流。为了进一步说明桩柱冲刷坑内水流结构,进一步绘制 $X$ 剖面的二维流速矢量图,如图 3.11 所示。

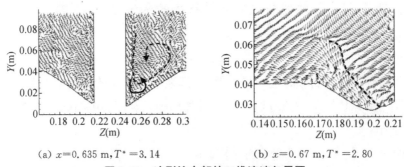

(a) $x=0.635$ m, $T^*=3.14$       (b) $x=0.67$ m, $T^*=2.80$

**图 3.11 冲刷坑内部的二维流速矢量图**

图 3.11(a)为图 3.10(c)对应的矢量图结果,冲刷坑中水流总体趋势如虚线箭头所示,然而由于复杂地形对水流有阻碍与反射作用,在冲刷坑的深处水流会出现如黑线箭头所示的回流,该回流阻碍了原本下降水流直冲床面。此结

果与之前云图分析结果一致。图 3.11(b) 为图 3.10(b) 的矢量图结果,由图可知柱后上升水流可以分为两部分,其分界用图中虚线标明。虚线右边区域的矢量指向桩柱,该部分实质为绕圆柱的水流,虚线左边区域的矢量为冲刷坑内水流沿着冲坑壁面两侧发展的表现。

b) 冲刷坑内的马蹄涡结构

马蹄涡结构为复杂的三维水流结构,主要存在于冲刷坑内上游侧和两侧,空间上呈马蹄状,从数值上反应为马蹄涡存在区域的涡量较大。因此此处通过计算冲刷坑中的涡量,对马蹄涡的性质进行分析。涡量 $\Omega_i$ 的计算公式如下:

$$\Omega_i = \nabla \times \vec{u} = \varepsilon_{ijk} \frac{\partial}{\partial x_j} u_k \tag{3.14}$$

其中 $\varepsilon_{ijk}$ 为置换符号。更进一步,为了直观反映切面位置在桩柱冲刷坑的相对位置,当水平切面位置接近床面时,计算其与平床面的距离,并用 $t$ 时刻冲刷坑最大深度 $e_t$ 将其无量纲化得到 $e_y$,如下式所示:

$$e_y = \frac{yb_0 - y}{e_t} \tag{3.15}$$

根据该定义可知,当 $e_y = 0$ 时,对应 $y$ 为平床高度,$e_y = 1$ 时,对应 $Y$ 切面与该时刻冲刷坑最深处相切。

首先选取局部冲刷坑形成较为完整的 $T^* = 3.14$ 时刻进行分析,统计冲刷坑中涡量大小随距离的变化关系。为了对比各迎流角下的涡量沿距离的分布,将同一冲坑深度下各迎流角绘制于同一图中,并将横坐标依次平移 100 个单位,形成如图 3.12 所呈现的条带图。其中每一条带的数字表示迎流角 $\gamma$ 的大小,虚线对应为冲刷坑壁面,Omg 为无量纲涡量大小。

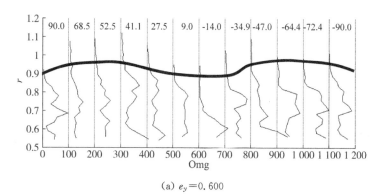

(a) $e_y = 0.600$

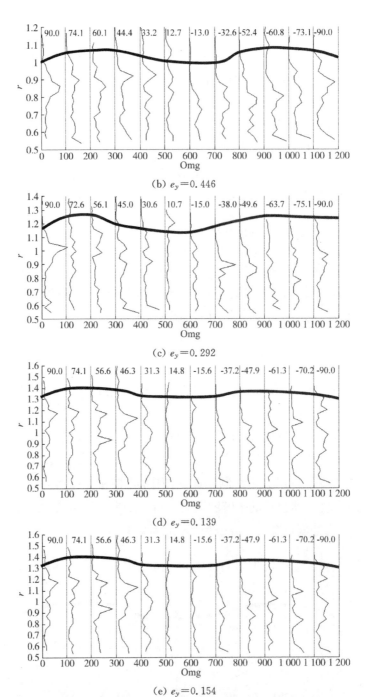

(b) $e_y = 0.446$

(c) $e_y = 0.292$

(d) $e_y = 0.139$

(e) $e_y = 0.154$

图 3.12　指定切面上冲刷坑附近涡量大小随距离的变化

图 3.12 为各截面涡量大小随 $r$ 值的变化,为了对比不同角度下的情况,将其绘制于一张图中,并将每幅图以横坐标 100 为单位进行平移。通过对比不同切面下的涡量在给定方向上沿线分布可知,其共同点为在 $r$ 为 0.5 附近,均有较大的涡量,该部分涡量是水流经由桩柱边壁面反射而产生。$e_y=0.6$ 切面下[图 3.12(a)]在 $\gamma$ 绝对值小于 15 度时,其沿线涡量远大于其他切面相同位置处涡量,极大值大约出现在 $r=0.6$ 处。另一方面,在该切面下涡量主要集中在 $r<0.9$ 的区域,其极大值出现在 $r$ 为 0.5 至 0.8 范围内,其主要原因是该切面位于局部冲刷坑较深处,冲刷坑的几何边界局限了涡量在空间上的延伸。随着切面逐渐向上移动,涡量分布大致呈现多峰趋势,大部分峰值均在 70 以上。且其极值存在的位置并无明显的规律性,这些峰值与马蹄涡本身的涡量并无关系,仅仅是水流紊动的体现。值得一提的是,可观察出在大部分图中存在一个离冲刷坑壁面较近的峰值,体现了冲刷坑壁面对水流的反射作用,从图中结果可知水流经由冲刷坑反射而形成涡量的概率较高。由于这些峰值的存在,使得沿固定方向捕捉马蹄涡较为困难。

因此,为了分析冲刷坑内马蹄涡的形态,进一步沿柱周方向提取涡量,绘制典型的涡量随迎流角变化图,其中横坐标为迎流角,纵坐标为无量纲涡量大小。

如图 3.13 所示为给定水平切面上涡量大小沿特定圆周的变化情况。之前分析可知冲刷坑中的涡量波动较为明显,因此对其进行滤波处理,如图 3.13 虚线所示。通过滤波后可以发现,涡量峰值起初出现在 $\gamma$ 接近 0 的位置,且离桩柱较近[图 3.13(a)]。随着切面上升,涡量极大值迅速向桩柱两周外侧发展,最终稳定在 50 度附近,且逐渐远离桩柱[图 3.13(b)—(d)]。当切面位置略微高于平床面时,即 $e_y=-0.154$ 时,涡量极值位置出现在 70 度左右。将极大值位置绘制成示意图如图 3.13(f)虚线所示,从空间上呈现出类似马蹄的形状,离冲刷坑底部越近离桩柱越近(其中阴影位置为与冲刷坑最深处相切的切面)。除此之外,当切面位置 $e_y>0.6$ 时,所切得的冲刷坑平面尺寸过小,对应涡量由于冲刷坑壁面的反射作用较为紊乱,经过滤波后其涡量规律并不显著;而当 $e_y<-1.54$ 时,涡量极值出现在 $\gamma>90$ 度,但并不明显。因此可以认为该马蹄涡结构在此工况下垂向覆盖范围为 $e_y$ 从 $-1.54$ 到 0.6 之间。

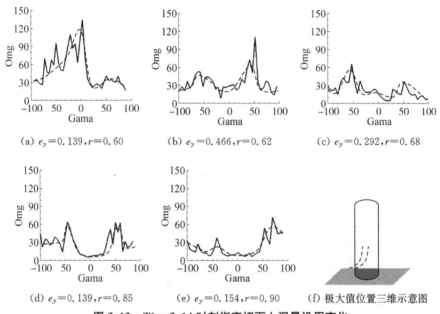

(a) $e_y = 0.139, r = 0.60$　　(b) $e_y = 0.466, r = 0.62$　　(c) $e_y = 0.292, r = 0.68$

(d) $e_y = 0.139, r = 0.85$　　(e) $e_y = 0.154, r = 0.90$　　(f) 极大值位置三维示意图

**图 3.13　$T^* = 3.14$ 时刻指定切面上涡量沿周变化**

(在 a - e 中 Gama 为迎流角 $\gamma$，虚线为滤波后结果)

　　而在冲刷坑深度相比较浅的时刻，即 $T^* = 2.8$ 时刻，该马蹄涡结构的空间覆盖范围相对深度更大，但其与桩柱距离和 $T^* = 3.14$ 时刻的相近。如图 3.17 所示的切面涡量图为 $e_y$ 接近 0.8 处切面的涡量沿指定圆周变化情况，可以看到该分布与图 3.13(a)类似。

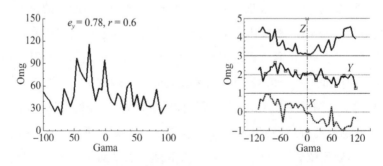

**图 3.14　$T^* = 2.8$ 时刻的涡量分布**　　**图 3.15　涡量极值三个分量变化**

　　将 $T^* = 2.8$ 工况做类似分析亦可得到形如图 3.13(f)的虚线结构，沿该线提取三个方向的涡量，并用其涡量大小将其无量纲化，得到可以指示涡量方向

的单位矢量,用此来研究涡矢量方向的变化。将该单位矢量的三个分量随迎流角 $\gamma$ 的变化绘制在图 3.14 中,为了便于对比,$Y$ 方向和 $Z$ 方向的涡量分别在纵坐标方向平移了两个和四个单位。由图可知 $Z$ 方向涡量大小呈对称分布,而 $X$ 方向涡量呈反对称分布。当 $\gamma$ 在 0 附近时,涡量在 $Z$ 方向分量 $-1$,而 $Y$ 和 $X$ 方向的涡量值接近于 0,说明在柱前正上游位置涡量指向 $Z$ 向(水平展向),即存在于 $XOY$ 面。随着 $\gamma$ 增大,涡量在 $Z$ 方向的分量绝对值逐渐减小,$X$ 方向分量绝对值逐渐变大,在 $Y$ 方向呈现波动趋势。当 $\gamma$ 为 60 度时,$Z$ 向值接近 0,而 $Y$ 方向的分量大小达到极值,约为 0.6,说明此时的涡量方向最接近铅垂方向,马蹄涡在空间上趋向于垂向发展。不仅如此,此位置附近涡量在 $X$ 方向的分量符号也与附近相邻区域相反,说明马蹄涡垂向发展的过程中存在一定的不稳定性。当 $\gamma$ 接近为 90 度时(对应桩柱两侧位置时),涡量分量主要为 $X$ 方向,即涡量方向与主流方向平行。当 $\gamma$ 大于 90 度时,涡量在 $X$ 方向的涡量减小,在 $Z$ 方向增大,$Y$ 方向也有所回升,说明此时马蹄涡呈现出绕柱后缓慢向垂向发展的趋势。除此之外,图 3.15 仅绘制了 $\gamma$ 绝对值小于 120 度的成果,主要是由于柱后上升水流的作用,马蹄涡无法在柱后稳定生成,柱后涡量值整体偏小且无显著规律。综合上述分析,在柱前附近马蹄涡的涡量方向与马蹄涡的空间延展方向是平行的,而在桩柱两侧位置马蹄涡的涡量方向与马蹄涡空间延展方向是正交的。

### 3.2.3　桩柱局部地形随时间的发展

桩柱周围地形可通过冲淤特性、最大深度及其位置等变量刻画。以下针对这些方面对数值计算结果进行分析。

#### 3.2.3.1　桩柱局部冲淤特性

在局部冲刷产生初期,桩柱局部的河床变化较为微弱,因此用灰度图定性表示局部冲刷坑的形成与发展,如图 3.16 所示。图中将某时刻河床高度比初始平床高度低的区域定为冲刷区(灰色),高的区域作为淤积区(黑色)。

由图可知,在 $T^* = 0.77$ 时[图 3.16(a)],在紧贴桩柱的迎流面处出现交替的冲淤斑,且这些冲淤斑大致分布在柱肩。随后冲淤斑的范围迅速扩大,在柱前逐渐相连,并向柱后延伸。这些交替的冲淤斑体现了水流具有脉动特性。在 $T^* = 1.35$ 时[图 3.16(c)],柱周的冲刷斑已经在迎流方向完全形成一个整体,

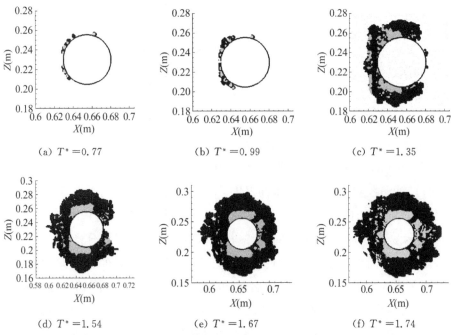

图 3.16　初期桩柱周围冲淤特性图

且在柱周初步形成可见的冲刷区,相应的,冲刷区靠下游侧形成了可见的淤积区。$T^*=1.54$ 时[图 3.16(d)],冲刷区进一步发展,柱肩局部冲刷坑的形态基本确立,轮廓逐渐清晰,柱后开始出现少量的冲刷斑。当 $T^*=1.67$ 时[图 3.16(e)],柱周的冲刷区范围向两侧扩大,并向顺水流方向延伸,柱后开始形成微小的冲刷区,整个冲刷区的形状呈"蝴蝶"状。这些冲刷区是水流长期作用的平均造床效应。当 $T^*=1.74$ 时[图 3.16(f)],冲刷区形态出现两点显著的变化。其一,柱后的两片规模较小的冲刷区向下游延伸,有连成一片的趋势;其二,柱前正对迎流面处出现小片冲刷区。值得一提的是,这片小冲刷区实际的深度远不如柱肩两片早已形成的冲刷区,但其对连接这两片冲刷区起重要作用。

随着局部冲刷的发展,冲刷坑的深度与规模逐渐扩大,以下用河床高程云图表示中后期冲刷坑随时间的发展过程,见图 3.17。由于冲刷坑形态大致关于水槽中轴面对称,因此以下各时刻均仅展示半侧的冲刷坑形态。

将图 3.17(a)的 $T^*=1.89$ 时刻的河床高程云图与图 3.16(f)的 $T^*=1.74$ 时刻的冲淤特性图进行比较,可知在桩柱局部冲刷形成的过程中,柱肩冲

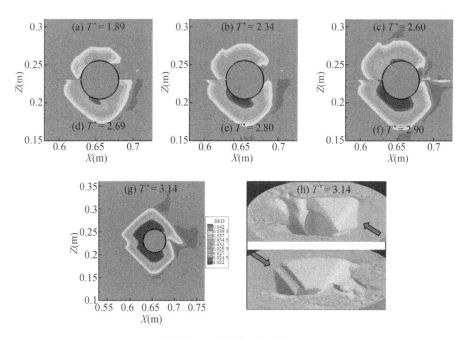

**图 3.17　河床高程变化云图**

(云图中 BED 即为河床高程,图 $h$ 中箭头为主流方向)

刷区为桩柱冲刷坑的主要组成部分,而柱前和柱后冲刷深度远小于柱肩主冲刷区深度,在云图上几乎不可见。图 3.17(a)至图 3.17(c)主要展现了局部冲刷坑从柱肩沿柱周逐步顺着主流方向发展的过程,在 $T^* = 2.60$ 时冲刷坑发展至桩柱正前方。相比而言,冲刷坑向柱后发展的速度较为缓慢,在 $T^* = 2.60$ 时刻并未达到桩柱正后方。图 3.17(d)至图 3.17(f)进一步揭示了冲刷坑向柱后延展的规律。在 $T^* = 2.69$ 时,冲刷坑已经延展至柱正后方,但是在 $T^* = 2.80$ 与 2.90 时刻,又因淤积作用回填了柱后部分冲刷坑。图 3.17(g)和图 3.17(h)分别为计算时刻末($T^* = 3.14$)桩柱局部形态云图及其三维图,由图可知桩柱周围整体处于冲刷状态,形成规模较大的冲刷坑;柱后不远处存在一定不规则的淤积,宽度范围约与桩柱直径齐平,而冲刷坑边缘的靠下游侧存在少量淤积。总体而言,桩柱两侧冲刷坑的深度随时间不断加深,柱周总体呈现冲刷趋势,就冲刷坑范围而言,其朝着桩柱迎流面延伸的速度快于向背流面延伸。

### 3.2.3.2　冲刷坑最大深度随时间的变化

Meville 曾在其研究成果中定义最大冲刷坑相对深度 $e$,用于刻画局部冲刷

坑随时间发展的过程,公式为:

$$e = \frac{e_t}{E} \tag{3.16}$$

其中 $e_t$ 为 $t$ 时刻冲刷坑的最大深度,$E$ 为冲刷坑达到平衡时的最大冲刷坑深度。利用冲刷坑最大相对深度 $e$ 和无量纲时间 $T^*$,将本书数值模拟结果和 Meville 实验结果绘制成图,如图 3.18 所示。

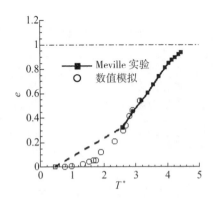

**图 3.18　冲刷坑最大深度随时间变化图**

图 3.18 中的实线部分为 Meville 的实验数据,由图可知 Meville 的实验数据 $T^*$ 分布在 2.5 至 4.6 之间,即测量时间始于局部冲刷坑初步成型以后,虚线部分则是 Meville 实验结果在时间轴上延拓的结果。通常情况下,起始阶段的冲刷坑深度在物理实验中测量较为困难,主要是因为河床变形量小,测量误差大,且对测量时间的精度要求高。然而,直接数值模拟可以解决这两大难点。从图中可以发现直接数值模拟结果可以补全无量纲时间 $T^*$ 较小时的最大冲刷坑相对深度数据。另一方面,数值模拟和实验重合的部分,两者吻合较好。需要指出的是,由于桩柱冲刷坑达到平衡状态需要经历漫长的发展过程,$T^*$ 的增长意味着实际模拟时间呈指数型增长,因此需要消耗大量的计算时间。而此处旨在研究局部冲刷坑形成和发展的机理,因此本书仅计算至 $T^* = 3.14$,对应冲刷坑发展至平衡冲刷坑的 60%。总体而言,就本次数值模拟而言,桩柱冲刷前中期随时间变化可以分为三个阶段。第一阶段为初始阶段($T^* < 1.0$),该阶段桩柱周围呈现不规则的冲淤斑形态[图 3.16(a)—(b)],河床变化较小。

第二阶段为冲刷坑成型阶段($1.0 < T^* < 1.8$)，该阶段桩柱周围冲刷坑形态基本确立，但是冲刷坑深度不足平衡状态的 10%。第三阶段为冲刷坑发展阶段（$T^* > 1.8$），该阶段冲刷坑基于上一阶段建立的形态，深度迅速发展，尺寸不断扩大，进而形成一定规模的冲刷坑。

### 3.2.4　冲刷坑形成与发展机理探讨

通过之前对数值模拟结果的分析，可知前中期桩柱冲刷坑发展可以大致分为三个阶段，即初始阶段，冲刷坑形成阶段以及冲刷坑发展阶段。而桩柱周围也存在复杂的水流结构，以下沿用上小节建立的坐标系，并从桩柱周围的水流结构沿时间变化规律、桩柱局部地形变化等角度分析局部冲刷坑前中期的形成与发展机理。

#### 3.2.4.1　初始阶段和冲刷坑形成阶段（$T^* < 1.8$）

提取 $T^* = 1.54$ 时刻的桩柱周围切应力分布图，如图 3.19 所示，桩柱周围紊动能的分布如图 3.20 所示。

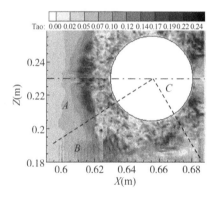
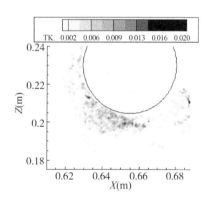

图 3.19　$T^* = 1.54$ 时刻床面切应力　　图 3.20　$T^* = 1.54$ 时刻床面紊动能

如图 3.19 所示，桩柱周围的切应力分布在空间上的波动性较强。更进一步，用 $\gamma = -30$ 度和 $\gamma = -120$ 度的两条虚线将区域分割成如图三个区域，结合之前对水流结构的剖析，其中 A 区可以视为由下降水流引起的床面切应力，B 区为柱两侧马蹄涡引起的切应力，C 区为柱后上升水流引起的切应力。根据泥沙颗粒参数以及 Shields 曲线可以推求出泥沙起动所需的床面切应力在 0.23 附近，结合图 3.19 可以判断仅在桩柱周围附近星星点点位置的泥沙将在这一瞬时起动,充分显示了冲刷初期柱周泥沙起动位置的随机性。另一方面,将该时刻的紊动能计算后绘制在图 3.20 中。由图 3.20 可知,紊动能较强的区域主要为柱肩以及柱两侧,而在柱前和柱后紊动较小,该形态也与图 3.9 所示的冲刷区域云图类似。上述两图说明,在床面应力接近于泥沙临界起动应力的工况下,即使由于水流脉动的影响,导致河床局部存在随机的冲淤,但是由于水流紊动强度在桩柱周围的分布在一定时间尺度内是恒定的,进而产生的冲淤性质经时间积累后是存在规律性的。其规律可以简述为紊动能强的地方呈现冲刷趋势,紊动能小的地方呈淤积趋势。

在图 3.16(f)中可以发现在 $T^* = 1.74$ 时刻在柱前 $\gamma$ 处于 $-10$ 到 $10$ 度之间,$r$ 在 $0.5$ 至 $0.7$ 之间出现了冲刷区域,因此特别针对该研究区域,将床面附近该区域的紊动物理量进行计算并累加,并得到其相对于 $T^* = 1.54$ 时刻的变化率,绘制在图 3.21 中,计算公式如下所示:

$$IntVar\ (\gamma)_{T^*} = \sum_{0.5 < r \leqslant 0.7} \left| Var\ (r, \gamma)_{T^*} \right| \tag{3.17}$$

$$StdVar\ (\gamma)_{T^*} = \frac{IntVar\ (\gamma)_{T^*} - IntVar\ (\gamma)_{1.54}}{IntVar\ (\gamma)_{1.54}} \tag{3.18}$$

其中,$Var(r, \gamma)$ 为任意位置的名为 $Var$ 的紊动物理量,用下角标 $T^*$ 区分不同时刻。绘制紊动能 $TK$ 以及各紊动量的 $Std$ 值随迎流角变化的关系图如图 3.21 所示。

如图 3.21 为各紊动物理量相对 $T^* = 1.54$ 时刻增长率随 $\gamma$ 角度的变化。从图 3.21(a)中可知,紊动能在 $T^* = 1.67$ 和 $1.74$ 时刻增长不大,仅在 $\gamma$ 为 5 度附近存在较大增长。相比之下,图 3.21(b)中,紊动量 $u'v'$ 项在 $T^* = 1.74$ 时刻存在明显的增长,而 $1.67$ 时刻则变化不大。由图 3.21(c)和图 3.21(d)可知,除 $\gamma$ 为 5 度附近之外,紊动量 $v'w'$ 和 $w'u'$ 各自在不同时刻存在相似性,即 $1.67$ 时刻以及 $1.74$ 时刻紊动量的变化数值和变化趋势接近。例如紊动量 $v'w'$ 在 $\gamma$ 小于 5 度的范围内变化量都很小,且均为负值;$w'u'$ 的变化率趋势在两时刻类似,数值上也大体接近。并进一步得出结论,在研究区域内紊动能、紊动量 $v'w'$ 和 $w'u'$ 在 1.67 时刻和 1.74 时刻差异不大。相对而言,紊动量 $u'v'$ 则在两时刻研究区域内存在显著差异,即 1.74 时刻该物理量有明显增长。因此,结合图 3.8(e)和(f)的冲淤特性规律,可以认为紊动量 $u'v'$ 的增长使得柱前

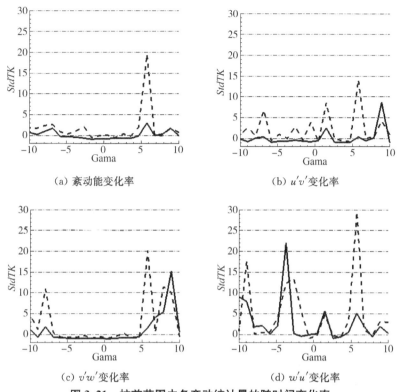

（a）紊动能变化率　　　　　　　　　（b）$u'v'$变化率

（c）$v'w'$变化率　　　　　　　　　（d）$w'u'$变化率

**图 3.21　柱前范围内各紊动统计量的随时间变化率**

（图中实线为 $T^* = 1.67$ 时刻，虚线为 $T^* = 1.74$ 时刻）

呈现长期的冲刷性质，并且河床的略微冲刷坑变形将同样反馈于紊动量 $u'v'$ 的增长。从水流结构的角度分析，紊动量 $u'v'$ 主要来源于柱前下降水流遇到河床产生反射后，在柱前形成的反向流。

### 3.2.4.2　冲刷坑发展阶段（$T^* > 1.8$）

为了进一步研究冲刷坑发展阶段的变化情况，在冲刷坑选取 25 个取样点，对其河床高度变化规律进行分析，取样点坐标具体信息如表 3.6 所示：

**表 3.6　取样点坐标与参数**

| 标号 | $r$ | $\gamma$ | 标号 | $r$ | $\gamma$ | 标号 | $r$ | $\gamma$ | 标号 | $r$ | $\gamma$ | 标号 | $r$ | $\gamma$ |
|---|---|---|---|---|---|---|---|---|---|---|---|---|---|---|
| N1 | 0.55 | 89.5 | N6 | 0.56 | 165 | N11 | 0.65 | 148 | N16 | 0.73 | 2.02 | N21 | 0.94 | 155 |
| N2 | 0.55 | 67.5 | N7 | 0.55 | 2.89 | N12 | 0.59 | 124 | N17 | 0.74 | 119 | N22 | 1.28 | 89.9 |
| N3 | 0.54 | 29.2 | N8 | 0.63 | 91.8 | N13 | 0.80 | 87.7 | N18 | 1.01 | 87.4 | N23 | 0.72 | 175 |

| 标号 | $r$ | $\gamma$ | 标号 | $r$ | $\gamma$ | 标号 | $r$ | $\gamma$ | 标号 | $r$ | $\gamma$ | 标号 | $r$ | $\gamma$ |
|---|---|---|---|---|---|---|---|---|---|---|---|---|---|---|
| N4 | 0.55 | 115 | N9 | 0.64 | 55.6 | N14 | 0.76 | 49.4 | N19 | 0.90 | 43.3 | N24 | 1.03 | 3.45 |
| N5 | 0.55 | 137 | N10 | 0.63 | 108 | N15 | 0.74 | 19.7 | N20 | 0.88 | 121 | N25 | 1.21 | 29.0 |

通过绘制各点河床高度在桩柱冲刷发展阶段($T^* > 1.8$)随时间的变化,可以根据变化趋势将其大致分成四类,如图 3.22 所示。

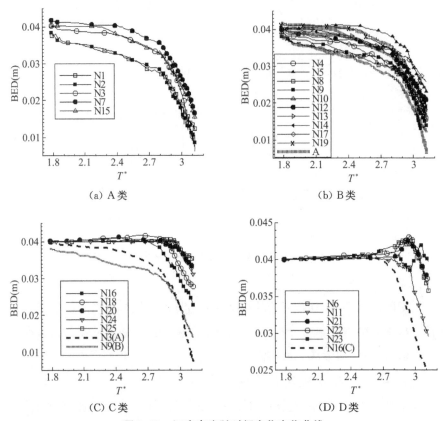

(a) A 类          (b) B 类

(C) C 类          (D) D 类

图 3.22　河床高度随时间变化变化曲线

如图 3.22 所示,A 类曲线的共同特征是河床高度随时间的增长呈现快速下降趋势,下降趋势与冲刷坑最大深度在发展阶段随时间的变化规律类似,且近似存在平移的关系。例如图 3.22(a)中 N1 测点向垂向平移 0.005 个单位后与 N7 测点接近重合,这种平移关系说明 N1 与 N7 之间存在时间的滞后性,而该位置河床变化的性质其实是相似的。B 类曲线在河床高度开始下降的初期

和 A 类曲线趋势相同,与某条 A 类曲线重合(或可由某条 A 类曲线平移得
到),然而随着时间的推移,下降趋势逐渐减缓,曲线逐渐偏离该条 A 类曲线,
并转而与另一条 A 类曲线靠近。例如图 3.22(b)中的 N8、N9、N10 起初与 A
类 N1 曲线接近,在 $T^* = 2.4$ 处开始与 N1 曲线分离,转而靠近另一条 A 类曲
线。N12、N17 等曲线同样有类似工况,从起初的 N7 曲线偏移到了 N15。由于
该曲线已经超出 A 类曲线限定的区域,因此并无对应 A 类曲线与 N17、N5、
N19 曲线的后半段趋势相符,但是这三条曲线的前半段与 N15 接近,且后半段
该点河床下降速率明显减慢,具有与其他 B 类曲线相近的变化规律,因此也归
为 B 类曲线。C 类曲线的特点为河床高度随无量纲时间的下降速率大致均匀,
且河床开始冲刷的时间较晚。如图 3.22(c)所示,以 N16 为例,其斜率与 A 类
曲线中段和 B 类曲线末段斜率相近,说明 N16 点处河床下降速率和 A 类点河
床中期下降速率以及 B 类点后期下降速率相似,小于 A 类点河床后期下降速
率。D 类曲线相比其他曲线,都存在明显的河床上升过程,如图 3.22(d)所示
的 N6、N21、N22 等曲线。另一方面,这些曲线下降时的斜率和 C 类曲线下降
的斜率相同。综上所述,将这些点分类后绘制在图 3.23 中(图中线条为特定时
刻的冲刷坑轮廓图)。

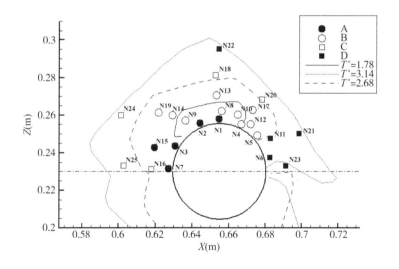

图 3.23　取样点空间分布

由图 3.23 可知,A 类点主要分布在桩柱上游侧,且离桩柱比较近的地方,

结合水流结构分析可知该类点处于马蹄涡分布区域。由图 3.22(a)可知该类点河床下降速率较快，且始冲时间较早，进而将该类点定义为主冲刷点，即该类点所在的区域在桩柱冲刷的发展期为冲刷坑加深的主要区域。B 类点则分布在 $\gamma$ 角处于约 40 度至 120 度之间，$r$ 值小于 0.8。同样，该区域也位于马蹄涡分布的区域。图 3.22(b)可知该点起初和主冲刷点的冲刷速率一致，随后慢于主冲刷点，因此称为次冲刷点。C 类点分布于 $r$ 处于约 0.9、$\gamma$ 小于 120 度附近，但是在 $r$ 较小、$\gamma$ 为 0 度左右的柱前附近也存在 C 类点，由图 3.22(c)可知该类点始冲时间较晚，且下降速率均匀，主要是由于主冲刷区和次冲刷区冲刷过深后，泥沙底坡不稳定导致的 C 类区域床面泥沙向低处滑落而造成的床面下降，因此称为从冲刷区。由于大部分位置从冲刷区与次冲刷区相连，从冲刷区的泥沙也会滑入次冲刷区，这也是次冲刷区后期冲刷速度下降的原因。D 类区域则分布 $\gamma$ 大于 90 度，且 $r$ 约 1.0 的位置以及 $\gamma$ 为 150 度以上的柱后位置。该区域的主要特点为都存在一定量的淤积，除了柱正后方的 N23，其余点均在淤积后有一定量的冲刷。产生冲刷的因素与 C 类点类似，也是由于冲刷坑边坡不稳定而导致的滑落。另一方面，其淤积则是由于水流挟沙力不足导致的结果，冲刷坑中的泥沙借由马蹄涡与柱后上升水流将起动并挟带后，部分沉积于冲刷坑边缘（例如 N11、N21 和 N22），部分沉积于柱后不远处（例如 N6 和 N23），形成了冲刷坑的临时边界，因此称为尾冲刷点。

　　悬移质浓度以及流速在冲刷坑内的输运和分布情况能进一步阐释这些取样点床面随时间变化的规律。

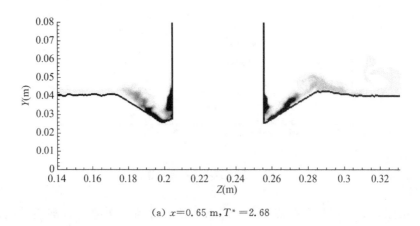

(a) $x=0.65$ m，$T^*=2.68$

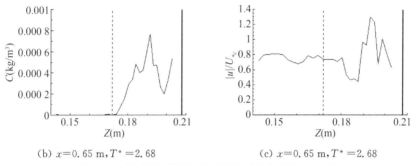

(b) $x=0.65$ m, $T^*=2.68$　　　　　(c) $x=0.65$ m, $T^*=2.68$

**图 3.24　指定横断面浓度云图和对应位置浓度分布**

如图 3.24(a)的浓度分布云图所示,可知悬移质主要在床面贴近处,且在冲刷坑内较大,向桩柱两侧逐渐衰减。图 3.24(b)和图 3.24(c)为沿床面的浓度和流速分布,结合两图可知,浓度较大的位置对应流速也较大。另一方面,流速在 $z=0.187$ m 处存在极小值,悬移质浓度也存在骤降,结合切面位置可计算出此处 $r=0.85$, $\gamma=-83$ 度,结合水流结构分析可知此处为马蹄涡结构的边界区域,而此处也为 B 类点和 C 类点的分界处,即当 $r<0.85$ 时马蹄涡结构将冲刷坑中的泥沙卷涌而起,而当 $r>0.85$ 时,河床为了维持泥沙临界坡而继续滑落。结合浓度云图以及浓度线图[图 3.24(b)]还可以看出,马蹄涡结构对浓度有一定的横向输运作用,这一现象亦可从图 3.11 的流速矢量图中加以印证。但是,由于冲刷坑边缘的底部流速大小远小于泥沙的临界起动摩阻流速,无法将悬移质挟带至远处,从而在冲刷坑边缘残留少量淤积。

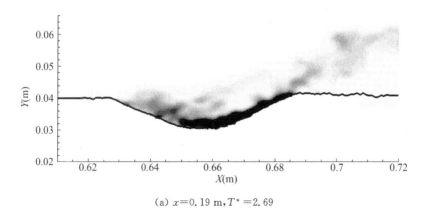

(a) $x=0.19$ m, $T^*=2.69$

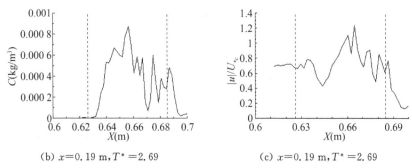

(b) $x=0.19$ m, $T^*=2.69$          (c) $x=0.19$ m, $T^*=2.69$

**图 3.25　指定纵断面上的浓度云图对应位置浓度和流速分布图**

　　图 3.25(a)为 $T^*=2.69$ 时刻顺流向切面浓度分布云图,从浓度云图中可以发现冲刷坑底部悬移质浓度较高,且大量悬移质被上升水流挟带至下游。图 3.25(b)和(c)为沿河床的悬移质浓度与流速分布图。结合两图可知随着柱后水流向下游的发展,水流流速的下降,水流挟沙力减弱,悬移质由于自身的沉降作用,最后在柱后形成淤积。

　　图 3.26 为柱正后方($\gamma=180$ 度)经单位化后的垂向浓度分布图,从图中可以看出,当 $y$ 值较小,接近平床高度时,浓度值较大,主要是由于冲刷坑内部分泥沙被水流挟带后沉降导致。将不同 $r$ 值的分布进行对比可知,由于柱后上升水流的作用,部分泥沙能被挟带至的最大高度约为 0.1 m,该水流挟带泥沙的能力约在 $r=0.9$ 时下降至 $r=0.7$ 的 20%。随着 $r$ 值的增大,悬移质浓度分布逐渐与明渠槽道的悬移质浓度分布曲线接近。结合 N21、N23 测点河床的随时间变化的规律,可知水流挟沙能力在 $r=0.9$ 时的明显下降是导致该位置附近产生淤积的重要原因。

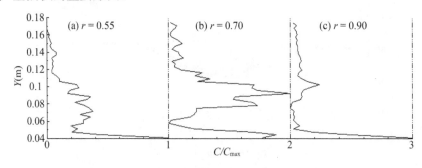

**图 3.26　柱后垂向浓度分布图($T^*=2.69$)**

# 3.3　桩柱局部冲刷定床实验研究

为了进一步探究不同来流条件下,数值模拟所得冲刷坑内的水流特征及其稳定性,开展局部冲刷定床物理实验。

## 3.3.1　低速风洞实验装置

### 3.3.1.1　总体布置

本书利用风洞实验开展桩柱局部冲刷定床物理实验研究,实验装置搭建在英国伦敦大学玛丽女王学院材料学院的风洞实验室中,低速风洞设备示意图见图 3.27。

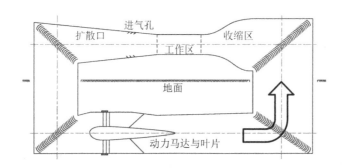

**图 3.27　风洞实验装置示意图**

该低速风洞实验设备为循环结构,其中虚线为工作区,用于安置量测设备。工作区尺寸 2.33 m 长,1.0 m 宽,0.76 m 高。该风洞设备的风速最大值约为 40 m/s。经由一功率为 18.65 kW 的交流动力马达驱动风扇而产生的风,流经过风面积比为 5.6:1 的收缩区后,进入工作区,通过进气孔平衡风洞内外气压后流出扩散口,最后回到扇叶背面,最终形成风力循环系统。其中,收缩区、工作区和扩散口均安置在地面上,而动力系统以及部分循环设备安置于地下室中。工作区实物图如图 3.28 所示。

### 3.3.1.2　量测设备

本次物理模型实验主要量测的物理量为风速与压强。风速采用毕托管测速仪进行测量,将行进风速转换为压力水头,圆柱周边以及冲刷坑内的相对压

**图 3.28   风洞实验装置实物图**

强则用多管等压计直接测量。另一方面,为了测量空气密度,还需要用气压表
和温度计测量实验当天的平均气压和平均气温。测量设备如图 3.29 所示。多
管等压计的读数精度为 0.1 英尺,即为 2.54 毫米,温度计的测量精度为 1 摄氏
度,气压表的测量精度为 100 帕斯卡,毕托管上可读的压力水头精度为 0.1
毫米。

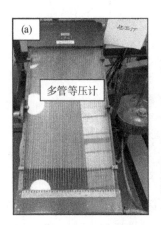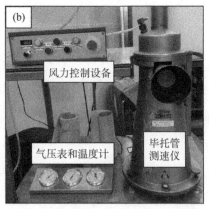

**图 3.29   测量设备实物图**

## 3.3.2   工况设置和实验步骤

### 3.3.2.1   工况设置

本次实验为定床实验,即床面地形在实验中是固定的。根据数值模拟结
果,选取计算时刻末,即冲刷坑发展较为完全的 $T^* = 3.14$ 时刻,将其冲刷坑采

用 3D 打印技术进行几何尺寸为 1∶1 的等比例实体化成两部分,并采用榫接的方式相互接合,作为本次风洞实验的圆柱附近复杂地形。

**图 3.30　实体化后的冲刷坑**

(左图:安装前;右图:安装后)

为了探究该冲刷坑内的水流特征及其稳定性,并使得物理实验结果和数模结果之间具有可比性,本次物理实验设置采用相似准则,对工况进行设置。由于在圆柱绕流工况中,绕流雷诺数 $Re_D$ 对绕流起着决定性作用。尤其是床面附近的水流结构和圆柱后的尾涡,都与绕流雷诺数 $Re_D$ 密切相关,因此,本次实验选取绕流雷诺数 $Re_D$ 作为相似准数,参照数模值,设定工况。工况参数以及实验当时的外界参数如表 3.7 所示。其中 E3 工况的绕流雷诺数和数值模拟结果相当。

**表 3.7　物理实验工况设计表**

| 工况 | 设计雷诺数 | 实测风速(m/s) | 实测雷诺数 | 气温(K) | 压强(Pa) |
|------|-----------|--------------|-----------|---------|----------|
| E1 | 10 000 | 3.09 | 10 510 | 290.65 | 1 000.9 * 100 |
| E2 | 12 000 | 3.57 | 12 143 | 290.95 | 1 000.8 * 100 |
| E3 | 12 700 | 3.74 | 12 748 | 290.65 | 1 020.5 * 100 |
| E4 | 13 000 | 3.88 | 13 216 | 290.25 | 1 001.0 * 100 |
| E5 | 14 000 | 4.20 | 14 290 | 290.45 | 1 000.9 * 100 |
| E6 | 15 500 | 4.53 | 15 439 | 290.65 | 1 020.5 * 100 |
| E7 | 17 500 | 5.22 | 17 782 | 290.25 | 1 001.0 * 100 |
| E8 | 21 000 | 6.18 | 21 048 | 290.25 | 1 001.0 * 100 |
| E9 | 37 000 | 10.88 | 37 037 | 291.05 | 1 000.8 * 100 |

### 3.3.2.2　测点布置

本次实验主要测量的物理量为圆柱以及冲刷坑表面的压强,测点分布示意图如下所示,包括圆柱周边 18 个测点以及冲刷坑内 5 个测点。

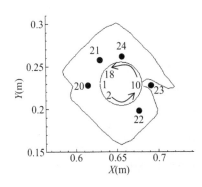

**表 3.8　测点信息**

| 测点标号 | $r$ | $\gamma(°)$ | 备注 |
|---|---|---|---|
| 1－18 | 0.50 | －180～180 | 圆柱上 |
| 20 | 0.70 | 0 | 河床上 |
| 21 | 0.80 | 45 | 河床上 |
| 22 | 0.80 | －135 | 河床上 |
| 23 | 0.70 | 80 | 河床上 |
| 24 | 0.55 | 90 | 河床较深处 |

**图 3.31　测点分布图**

其中 1 号测点在圆柱迎流面处,对应 $\gamma$ 角为 0 度,随后按逆时针排列再设置 17 个测点,将圆柱 18 等分,并将测压管内嵌在圆柱中。19 号测管与大气压直接相连,为标准测点。20 至 24 号测点则分布在冲刷坑表面,通过在 3D 模型上对应位置开小孔的方式,将等压管从底部插入进行量测。为了显示冲刷坑内的流体流动方向,在冲刷坑底部安置少量细线用于示踪。

### 3.3.2.3　实验过程

由于本次实验主要量测各测点的压差,因此在实验中应当根据不同工况调整多管测压计安置平面的倾角,使得各测点之间的测管读数存在显著差异,以减小实验的相对误差。实验的主要步骤如下:

1)安装测点

按照图 3.31 的测点分布,将等压管分别安置在选定的圆柱周边以及冲刷坑实物模型上,并打开等压计对各测点进行校验,保持测管读数齐平。

2)安装工作区

首先把圆柱固定在工作区内,其次将冲刷坑模型安置在圆柱周围,与圆柱紧密贴合。随后在模型外围安装足够长的平板,与冲刷坑外围高度齐平,固定于工作区边壁上,最后将整个工作区安装在风洞实验设备上。

3)调整等压计

根据测量工况将等压计平面调整至合适倾角,使测压管之间读数既有明显区别,又不超出其量程。

4)开展重复性实验

根据设计工况调整风速大小,待到测压管读数基本稳定时,依次记录当时室温、气压、毕托管读数以及各等压计读数,针对同一工况重复该步骤五次并计算读数平均值作为该工况最终量测结果。

5) 针对不同工况重复步骤 3 和步骤 4 最终完成实验。

### 3.3.3　风洞实验结果分析

通常而言,压强系数 $C_f$ 可由压强 $p$ 用以下公式无量纲化而得:

$$C_f = \frac{p - p_\infty}{0.5\rho u_0^2} \qquad (3.19)$$

其中 $p_\infty$ 为远离圆柱处的压强。

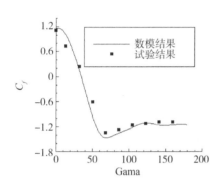
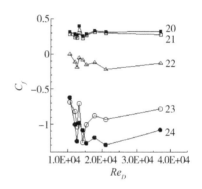

图 3.32　圆柱半侧压强系数分布　　图 3.33　冲刷坑压强随雷诺数变化

首先针对 E3 工况的物理实验结果进行分析。如图 3.32 所示为桩柱中截面($y=0.10$ m)的数值模拟的时均压强系数分布结果与风洞实验 E3 工况结果的对比,可知两者在分布趋势以及数值上吻合均较好,从而进一步说明本书所建立的动床直接数值模拟模型的正确性。进而提取各工况下冲刷坑壁面处各点压强,并计算压强系数如图 3.33 所示。从图中可以看出,柱前正前方的 20 号测点与柱斜前方 21 号测点的压强系数接近,且在各工况下均为正值,说明不同绕流雷诺数下水流均与冲坑上游侧壁面贴合较好;而柱侧的 22 号测点以及柱后的 23 号测点压强系数为负,说明水流与冲坑下游侧壁面存在一定的分离现象。此外,20、21、22 三测点随雷诺数的增大变化均不大,而相比之下,柱正后方的 23 号测点以及冲刷坑较深处的 24 号测点压强系数在 10 000 至 20 000 雷诺数之间变化较大,表明该区域内的压强系数对雷诺数变化比较敏感。从侧面说明了该冲刷坑形态在柱后以及冲刷坑最深处是不稳定的,较易随水流条件的改变而改变。

### 3.3.4 实验误差分析

实验中存在误差是不可避免的,本次实验为了减小工况的实验误差,采取多次测量求平均值的方式。更进一步,此处从理论角度结合实验仪器精度对本次实验的误差进行分析。若一个诱导物理量 $f(x_1, x_2, \ldots, x_n)$ 是 $n$ 个待测物理量 $x_n$ 的多元函数,则其误差可根据待测物理量本身误差,用下式进行估计:

$$\Delta f(x_1, x_2, \ldots, x_n) = \sqrt{\sum_{i=1}^{n} \left( \frac{\partial f}{\partial x_i} \Delta x_i \right)^2} \tag{3.20}$$

根据本次实验具体情况,相关量测物理量和诱导物理量的计算公式如下:

$$\begin{cases} \rho_a(p, \Gamma) = \dfrac{P}{R\Gamma} \\[2mm] p_p(I_p) = \rho_b g I_p \sin(\varphi) \\[2mm] U_0(I_b, \rho_a) = \sqrt{\dfrac{2g\rho_c}{k_w} \cdot \dfrac{I_b}{\rho_a}} \\[2mm] C_f(p_p, \rho_a, U_0) = \dfrac{p_p - p_\infty}{0.5\rho_a U_0^2} \end{cases} \tag{3.21}$$

其中温度 $\Gamma$、大气压强 $P$、等压计测压管读数 $I_p$、毕托管读数 $I_b$ 均为实测直接读取的物理量,而大气密度 $\rho_a$、测点压强 $p_p$、风洞平均风速 $U_0$、压强系数 $C_f$ 均为诱导物理量。其余均为常量,包括干空气的比气体常数 $R$,等压计内甲基化酒精液体密度 $\rho_b$,重力加速度 $g$,等压计平板倾角 $\varphi$,毕托管内纯水密度 $\rho_c$,风洞消耗系数 $k_w$。通常认为读数最大误差为最小量测单位的一半,结合各仪器精度并利用式(3.20),可得表 3.9。

表 3.9 各主要物理量的相对误差

| 工况 | 空气密度 $\rho_a$ 相对误差(%) | 行进风速 $U_0$ 相对误差(%) | 压强 $p_p$ 平均相对误差(%) | 压强系数 $C_f$ 平均相对误差(%) | 绕流雷诺数 $Re_D$ (相对误差%) |
|---|---|---|---|---|---|
| E1 | 0.34 | 0.85 | 3.45 | 3.86 | 10 510 (0.86) |
| E2 | 0.34 | 0.65 | 2.50 | 2.84 | 12 143 (0.66) |
| E3 | 0.34 | 0.58 | 1.67 | 2.06 | 12 748 (0.59) |

续表

| 工况 | 空气密度 $\rho_a$ 相对误差(%) | 行进风速 $U_0$ 相对误差(%) | 压强 $p_p$ 平均相对误差(%) | 压强系数 $C_f$ 平均相对误差(%) | 绕流雷诺数 $Re_D$ (相对误差%) |
|------|------|------|------|------|------|
| E4 | 0.34 | 0.55 | 1.54 | 1.93 | 13 216 (0.56) |
| E5 | 0.34 | 0.48 | 1.54 | 1.85 | 14 290 (0.49) |
| E6 | 0.34 | 0.42 | 1.11 | 1.43 | 15 439 (0.42) |
| E7 | 0.34 | 0.34 | 0.93 | 1.20 | 17 782 (0.34) |
| E8 | 0.34 | 0.27 | 0.61 | 0.88 | 21 048 (0.27) |
| E9 | 0.34 | 0.18 | 0.85 | 0.99 | 37 037 (0.19) |

可知各工况下,各物理量所测得的相对误差均在 4% 以内,且雷诺数越大相对误差越小。同一工况下,压强的相对误差相比之下远大于空气密度以及行进风速的相对误差,该误差是导致压强系数相对误差较大的重要原因。因此在进行实验时应当尽量细致读取等压计的读数 $I_p$,从而减少 $p_p$ 的误差。

# 3.4　本章小结

本章主要开展了纯流条件下圆型桩柱局部冲刷的直接数值模拟研究,通过开展相关、结合风洞定床实验研究结果和 Meville 动床冲刷实验研究结果,验证了数学模型的准确性,捕捉了局部冲刷坑周围的水流特性,并对局部冲刷坑的形成与发展机理作探讨,主要内容如下:

(1)通过明渠槽道、圆柱绕流等算例,以及桩柱冲刷直接模拟研究,利用各方面理论结果、Meville 动床冲刷实验研究结果、风洞实验研究结果,说明本书采用的数学模型是准确可靠的,主要包括:三维 N-S 方程组离散格式及并行求解的准确性、标量输运方程求解的准确性、浸没边界法的准确性、泥沙起动边界条件等相关经验公式使用的合理性、河床调整算法和切割平面法的合理性、动态浸没边界法应用的合理性。

(2)引入无量纲时间 $T^*$,发挥直接数值模拟求解的优势,精细研究了桩柱冲刷坑发展初期短时间尺度、小空间尺度下桩柱冲刷坑的形成和演变规律。数值模拟结果指出,在水流流速接近泥沙始冲流速的工况下,起初冲刷坑形态虽然存在一定的随机性,但是随时间的积累效应,河床的冲淤形态是稳定的,床面附近紊动能越大,则该处越趋于冲刷。

(3)捕捉桩柱周围的三种水流结构:柱前下降水流,柱周马蹄涡水流以及柱后上升水流。其中柱前下降水流所含的紊动量 $u'v'$ 使柱前呈现冲刷性质；马蹄涡是冲刷坑内泥沙起动的主要动力来源，而其横向输运泥沙的能力不足，导致冲刷坑边缘外侧产生一定淤积。就其形态而言，在柱前附近马蹄涡的涡量方向与马蹄涡的空间延展方向是平行的，而在桩柱两侧位置马蹄涡的涡量方向与马蹄涡空间延展方向是正交的。其垂向覆盖范围随冲刷坑的发展逐渐离底部远去，工况计算时刻末约处于最大冲刷坑的 $60\%$ 深度处；柱后上升水流协同马蹄涡将冲刷坑内的泥沙挟带至冲刷坑后方，在约 $r=0.9$ 处挟沙力急速下降，从而导致柱后形成淤积。

（4）通过研究冲刷坑内形态变化，根据冲刷坑内各点随时间发展规律的不同，将其分为主冲刷点、次冲刷点、从冲刷点、尾冲刷点四类。主冲刷点为冲刷坑最深，且在该时段优先产生冲刷的点，泥沙起动现象明显；次冲刷点为慢于且弱于主冲刷点发展的点，冲刷强度不如主冲刷点；从冲刷点处的泥沙不直接起动，该处地形下降主要是由于泥沙因水下泥沙休止角的影响产生滑落，不停补充冲刷坑深处的泥沙；尾冲刷点主要分布在柱后和冲刷坑边缘，其中一部分点在发展过程中并无明显冲刷现象，甚至产生淤积。

# 第 4 章

# 非线性作用下内孤波对标量的输运规律

在无外界因素的干扰下,内孤波在传播过程中波幅、能量的耗散与传播距离存在线性关系,即线性耗散。相对的,在外界各种扰动下,内孤波无法维持线性耗散的特质,这些因素则被统称为非线性作用。内孤波在斜坡上的传播和破碎就是一个较强的非线性过程。在非线性作用下,内孤波的传播会受到干扰,产生复杂的水动力现象,例如诱导底部边界产生漩涡,甚至导致波面不稳定而破碎等,进而使标量的输运产生较大的不可预测性。在泥沙沉速较小的情况下,其被水流输运的规律与离子浓度等对流体密度影响甚微的标量的输运规律相近。因此,本章以下陷内孤波在斜坡地形上传播,以及上凸内孤波与射流相互作用为例,着重研究在非线性作用下内孤波对标量的输运规律。

# 4.1　内孤波与射流相互作用的算例验证

## 4.1.1　内孤波传播与理论验证

### 4.1.1.1　小振幅内孤波理论解

在弱-非线性与弱耗散的假设下,产生于两层流体内界面上的小振幅内孤波的一维传播可近似用 KDV 方程描述[224],即

$$\frac{\partial \eta}{\partial t} + c_0 \frac{\partial \eta}{\partial x} + c_1 \eta \frac{\partial \eta}{\partial x} + c_2 \frac{\partial^3 \eta}{\partial x^3} = 0 \tag{4.1}$$

其中,$\eta$ 为内界面的位移,$t$ 和 $x$ 分别为时间坐标和空间坐标,$c_0$ 表示线性波速,$c_1$ 为非线性系数,$c_2$ 为色散系数。这些系数可分别根据两层流体的物理参数计算而得。

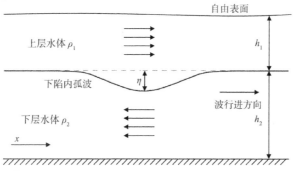

**图 4.1　分层环境下两层流体的下陷内孤波示意图**

如图 4.1 为下陷内孤波示意图,上层水体密度为 $\rho_1$,水深为 $h_1$,下层水体密度为 $\rho_2$,水深为 $h_2$,且下层水深大于上层水深。

则式中的系数均可由以下公式计算而得:

$$c_0 = \sqrt{\frac{(\rho_2 - \rho_1)gh_1h_2}{\rho_1h_2 + \rho_2h_1}} \ , \ c_1 = \frac{3c_0}{2} \cdot \frac{(\rho_2h_1^2 - \rho_1h_2^2)}{(\rho_1h_2 + \rho_2h_1)h_1h_2} \ , \ c_2 = \frac{c_0}{6} \cdot \frac{\rho_1h_1 + \rho_2h_2}{\rho_1h_2 + \rho_2h_1}$$

$$(4.2)$$

进而可以求解出满足该分层水体下的 KDV 型内孤波理论近似解为:

$$x = -A_w \cdot \text{sech}^2\left(\frac{x - c_wt}{L_w}\right) \tag{4.3}$$

$$c_w = c_0 - \frac{1}{3}A_wc_1 \ , \ L_w = \sqrt{\frac{12c_2}{A_wc_1}} \tag{4.4}$$

值得注意的是,该理论解仅能使用于内孤波波幅与总水深比值相对较小的情况,因此也被称为小振幅弱线性内孤波理论解。

### 4.1.1.2 数值验证结果对比

本节建立一大小为 $12.0 \text{ m} \times 1.0 \text{ m} \times 1.0 \text{ m}$ 的分层流体数值水槽,分别对应 $x$、$y$、$z$ 方向,采用直接数值模拟方法模拟 KDV 型下陷内孤波的单向传播情况,其中 $x$ 方向为内孤波的传播方向,计算网格为 512,$y$ 方向为垂向,计算网格为 128,由于本算例为二维算例,在 $z$ 向(展向)仅保持足够的计算网格即可,此处设为 16 个。相比内界面的波动,自由表面的波动可以忽略,因此在研究内孤波时自由表面可用刚盖假设边界条件。底部边界以及展向边界为自由滑移固壁边界,入流边界设置为狄里克雷边界,给定满足内孤波理论解的流速分布,出流边界为自由出流边界防止内波的反射。设置工况的具体参数见下表,其中初始波幅设置在 $x = 4.0 \text{ m}$ 处,密度跃层高度为 0.75 m,计算总时间为 20 s。

表 4.1 下陷内孤波传播工况参数表

| 工况 | $\rho_2/\rho_1$ | $h_2/h_1$ | 波幅 $A_w$(m) | 波幅水深比($A_w/H$) |
|---|---|---|---|---|
| A1-3 | 1.02/1.00 | 75/25 | 0.05;0.07;0.10 | 0.05;0.07;0.10 |

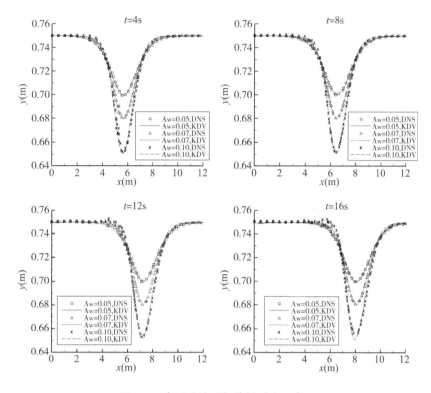

**图 4.2　内孤波波形与传播对比示意图**

图 4.2 为四个计算时刻，不同波幅大小的直接数值模拟结果和用二阶蛙跳格式离散求解的 KDV 理论所得的内孤波理论解的对比图。由图可知，直接数值模拟结果迅速收敛，并在计算时刻初期（$t=4\mathrm{s}$），与 KDV 理论解基本一致。随着时间的发展，虽然数值模拟结果在内波后波面处和理论结果有略微差异，但两者在波幅、波形以及波谷位置上均呈现较高的吻合度。由于 KDV 方程是基于无粘不可压缩流体的假设下进行推导的，而直接数值模拟中的水流存在粘度，因此，这粘性导致了内孤波后波面存在微弱的耗散，这也是数值模拟结果与理论解在后波面存在些许不一致的原因。总体而言，本书的数学模型可以较好地用于模拟内孤波的特性。更进一步，将图 4.2 中四个时段各波幅的内孤波波长 $L_w$ 进行统计。其中两层流体下内孤波波长定义为内孤波与初始水平密度跃层围成的面积与内孤波波幅的比值，将其统计后列在表 4.2 中。通过表中数据同样可以发现，由于粘性耗散的作用，直接数值模拟的内孤波波长比理论解的

波长略微较长。但总体而言两者的误差较小,最大相对误差仅为5%。

表 4.2　波长统计表

| 波幅 | 0.05 m | | | 0.07 m | | | 0.10 m | | |
|---|---|---|---|---|---|---|---|---|---|
| $T$(s) | DNS | KDV | 误差(%) | DNS | KDV | 误差(%) | DNS | KDV | 误差(%) |
| 4 | 2.88 | 2.76 | 4.0 | 2.52 | 2.43 | 3.6 | 2.28 | 2.25 | 1.4 |
| 8 | 2.82 | 2.76 | 2.1 | 2.51 | 2.44 | 3.0 | 2.31 | 2.25 | 2.6 |
| 12 | 2.77 | 2.77 | 0.2 | 2.53 | 2.44 | 3.5 | 2.38 | 2.25 | 5.1 |
| 16 | 2.79 | 2.77 | 0.4 | 2.56 | 2.44 | 4.5 | 2.38 | 2.26 | 5.1 |

### 4.1.2　内孤波爬坡与实验验证

内孤波在爬坡过程中形态复杂,难以在物理实验中寻求精确的量化数据与直接数值模拟结果进行比较。因此,本书参考 Cheng 等人在 2011 年的物理实验[225],将数值水槽设置为 12.0 m×0.55 m×0.50 m,分别对应内孤波传播方向($x$ 向)、铅直方向($y$ 向)以及展向($z$ 向)。水槽中设置一高度为 0.37 m 水平板,下接一坡度为 0.247 的斜坡,构成斜坡地形,坡脚位置为 5.7 m,分层面高度为 0.41 m,其余参数见表 4.3,上述参数与表中参数均与 Cheng 的物理实验参数相同。

表 4.3　内孤波爬坡验证参数设计表

| 工况 | $\rho_2/\rho_1$ | $h_2/h_1$ | 波幅 $A_w$(m) | 波幅水深比($A_w/H$) |
|---|---|---|---|---|
| A4 | 1.03/0.996 | 41/9 | 0.05 | 0.10 |

利用 2 节点 24 核进行计算。如图 4.3 分别为内孤波爬坡的物理实验和数值模拟结果,其中在物理实验中 $t_0$ 为内孤波后波面开始变陡的时间,即对应数值模拟中 $t=24$ s。由图可知虽然该数值算例为二维算例,但内孤波传播形状与实验结果在各个时刻吻合较好。此外,在该工况下由于内孤波波幅较小,内波在斜坡爬坡的过程中产生的密度混合以及内涌现象较为薄弱,在 $t=30$ s 后,下陷内孤波由于斜坡地形的作用产生微弱的上凸波,即极性反转现象。

综合工况 A1 至 A4,本书的直接数值模拟模型可以准确地模拟内孤波的传播与爬坡现象,且采用二维数值算例对内孤波的传播与爬坡过程进行研究是可行的,内孤波性状与三维结果相似,可进一步用于研究其对标量的输运。

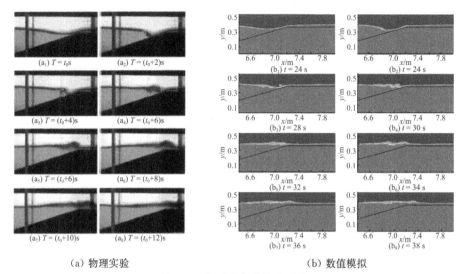

（a）物理实验　　　　　　　　（b）数值模拟

**图 4.3　内孤波爬坡结果对比**

### 4.1.3　动量射流算例与实验验证

在数值模拟中，射流口局部的网格、扰动等均对射流的模拟有着重要的影响。此处参照陈永平等人 2017 年射流物理实验结果[229]，对本书数值模型的射流工况模拟进行验证。

如图 4.4 所示，此验证算例构建一顺流向长 $8.0\ \mathrm{m}(x)$，展向宽 $0.5\ \mathrm{m}(z)$，垂向高 $0.5\ \mathrm{m}(y)$ 的三维数值水槽，射流口位于顺水流方向 $x_0=2.0\ \mathrm{m}$ 处的底部中心线上，射流口直径 $D_j$ 为 10 mm，其相对于宽度方向的无量纲大小为 0.02。射流流速 $V_{\mathrm{jet}}$ 为 0.58 m/s，且水槽中有如箭头所示的 0.055 m/s 的背景流速，进而可知射流流速与背景流速比为 10.54。上述参数均与陈永平射流物理实验参数相同，由于物理实验中射流口侵入水体的高度较小，因此在数模中将此侵入高度忽略不计，即射流动量直接产生于底部边界。整个计算区域用三维长方体网格进行离散，三个方向网格数分别为 8 192、128 和 256，对应射流口采用 10 个网格进行模拟，底部边界和两侧边界为不可滑移固壁边界，顶部边界条件采用刚盖假定，入流边界为狄里克雷边界给定流速分布，出口边界为自由出流边界。

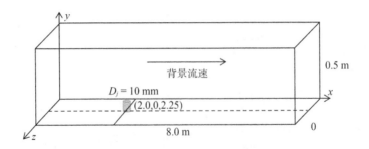

**图 4.4   射流验证算例示意图**

在 Chen 等人采用大涡模拟研究射流时,采用方位强迫法对射流口增加扰动,取得良好的数值模拟结果[227],因此在本书的直接数值模拟中,也采用该方法在射流口增添扰动,对射流口的第一排编号为$(i,k)$的网格给以如下式的垂向流速扰动:

$$v'_{(i,k)} = AV(r) \sum_{n=1}^{N} \sin(2\pi ft/n + \theta_{(i,k)}) \qquad (4.5)$$

其中 $A$ 为流速波动的幅度大小,此处设置为 0.2;$V(r)$ 设置为射流中心流速 $V_{jet}$;$n$ 是射流扰动的模态,此处设置为 6;$f$ 是由施特劳哈尔数决定的扰动频率,取为 0.3;$\theta_{(i,k)}$ 为扰动的相位角。

为了将数值模拟结果(实线)和陈永平物理实验结果(散点)进行对比,将数值模拟坐标进行平移,并提取水槽中心剖面的时均流速,得到如图 4.5 与图4.6 所示的结果。其中横坐标速 $U_0$(或 $V_0$)为平均水平流速(或平均垂向流速)用射流流速 $V_{jet}$ 无量纲后的结果,纵坐标 $Y_0$ 则由垂向坐标用射流口直径 $D_j$ 无量纲化而得,$X$ 为将坐标原点平移至射流口后的新顺水流方向坐标,即 $X/D_j=0$ 表示过射流口的垂线。图 4.5 为无量纲水平流速垂向分布对比图,由图可知,直接数值模拟结果在各个垂向分布与物理实验结果吻合,尤其是在距离射流口较近的几条垂线上($X/D_j=0,1,2,4,7$),数模中提取的水平流速和物理实验测得的结果误差在 3% 以内。

图 4.6 为无量纲垂向流速垂向分布对比图,图中表明,随着离射流口越来越远,垂向流速最大值呈现衰减的规律,且垂向流速最大值位置逐渐上移,同样的,该数模结果与物理实验结果吻合良好。

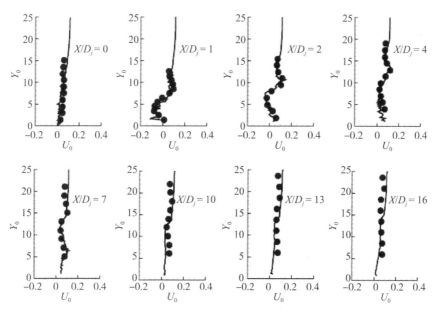

**图 4.5　平均无量纲水平流速分布**

（实线为数模，散点为实验）

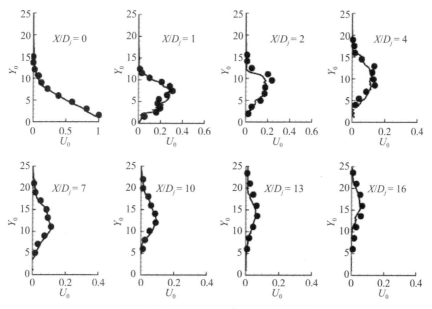

**图 4.6　平均无量纲垂向流速分布图**

（实线为数模，散点为实验）

验证结果表明所建立的直接数值模拟模型具有良好精度,可用于动量射流特性与规律的科学研究。

# 4.2 下陷内孤波对斜坡地形上标量的输运规律

## 4.2.1 工况设计

如图 4.7 所示,本节依旧设计二维数值工况,数值水槽尺寸为 24.0 m× 1.0 m×1.0 m,对应计算网格为 512×128×16,分别对应于内孤波传播方向($x$ 方向),铅垂方向($y$ 方向)以及展向($z$ 向),分层水体的密度跃层高度为 0.75 m。在水槽末端设置一斜坡地形,并采用浸没边界点模拟,参照 Vlasenko[80] 观测的安达曼海和苏禄海陆架地形与密度跃层相对位置,设置斜坡平台高度 $h_s$ 为 0.55 m,下接一坡度变化的斜坡,斜坡坡脚固定于 $x=14.0$ m,斜坡上铺设一层厚度为 0.1 m 的薄标量。其余具体参数详见表 4.4,数值模拟的计算总时长为 120 s。

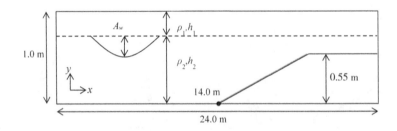

**图 4.7 数值水槽剖面示意图**

**表 4.4 下限内孤波对标量输运研究工况参数表**

| 工况 | $\rho_2/\rho_1$ | $h_2/h_1$ | 波幅 $A_w$(m) | 波幅水深比 $A_w/H$ | 斜坡坡度 $S$ |
|---|---|---|---|---|---|
| B1—B5 | 1.03/1.0 | 75/25 | 0.20 | 0.20 | 0.1,0.15,0.2,0.25,0.3 |

## 4.2.2 内孤波对斜坡标量输运阶段的划分

内孤波在斜坡上的破碎标准可根据破碎形态分为卷跃型破碎、坍塌型破碎等多种形态,决定其破碎形态的主要参数包括波幅以及斜坡坡度等。

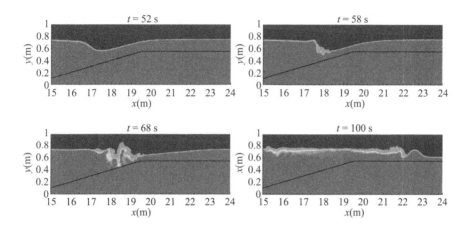

**图 4.8　内孤波爬坡与破碎的密度云图**

图 4.8 为 B1 工况(斜坡坡度为 0.1)的下陷内孤波在斜坡地形上的爬坡与破碎过程图。在 $t=52$ s 时,内孤波由于斜坡的阻碍作用,后波面开始变陡;随后后波面产生强烈的不稳定($t=58$ s),进而导致内孤波处的密度跃层产生强烈的混合,下陷内孤波在 $t=68$ s 基本破碎。最终,由于本工况下斜坡平板上的上层水体厚度大于下层水体厚度,最终下陷内孤波翻过斜坡产生极性反转现象,形成稳定的上凸波。

经过分析直接数值模拟结果,可以将下陷内孤波爬坡过程中,对标量的输运作用分成四阶段,依次为滑移输运阶段、局部输运阶段、漩涡输运阶段以及二次输运阶段,具体形式如图 4.9 所示。

图 4.9 为 B3 工况(坡度为 0.2)的标量浓度分布云图,其中标量浓度以 $M$ 表示。图 4.9(a)为 $t=34$ s 时刻的云图,此时内孤波波谷传至坡脚附近,开始爬坡,此时标量主要由于内孤波诱导的下层流体反向流动而产生滑移(指由坡顶向坡脚流动)。该阶段斜坡上的标量输运沿坡方向较为均匀,标量整体具有类似于滑落的性质,即为滑移输运。在 $t=42$ s 时[图 4.9(b)],内孤波波谷传送至标量浓度区正上方,波谷处流速较大,再结合斜坡对内孤波的挤压作用导致波谷处流速局部较大,且不均匀。因此,导致斜坡上的标量产生厚度不均匀的情况,即靠近波谷处的标量较薄而远离波谷处的标量较厚,该阶段虽然标量条带在局部产生形变,但整体的平移现象并未减弱,且波谷处输运现象产生明显,因此称之为局部输运。当 $t=50$ s 时[图 4.9(c)],标量条带的顶部明显被

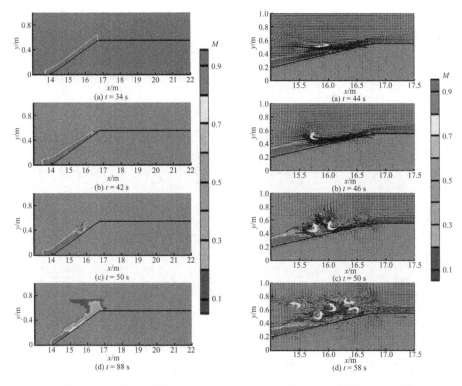

图 4.9　标量浓度云图　　　　图 4.10　斜坡附近矢量图

卷涌而起,呈现射流状,并与上部水体发生强烈的掺混,与之前两个阶段有明显的不同,将此过程称之为漩涡输运。图 4.9(d)展示了最后一个输运阶段的特征,其一为经过漩涡输运阶段作用,标量与上部水体充分混合已经抵达至密度跃层处,且随着密度跃层扩散;其二为内孤波破碎后,斜坡上的标量有向上爬坡的趋势,部分甚至随着内孤波极性反转作用爬上斜坡平台,即为二次输运。

　　图 4.10 为输运阶段典型时刻的斜坡附近由内孤波诱导的流速矢量图。在 $t=44$ s 时[图 4.10(a)],由于斜坡的挤压作用使得内孤波后波面率先产生逆时针的漩涡,该漩涡离坡面较远,因此对标量带的输运效果较弱。随着内孤波进一步向坡面推进,该漩涡逐渐下沉,靠近坡面,逐渐侵入标量条带,开始产生向上卷涌标量带[图 4.10(b), $t=46$ s]。在 $t=50$ s 时[图 4.10(c)],该漩涡贴近斜坡边界层,进一步诱导产生了一边界射流,该边界射流形成一顺时针漩涡,协同原逆时针漩涡将斜坡附近的标量输运至上部水体中。通过观察可以发

现,该阶段下,内孤波在斜坡的影响下产生漩涡,进而输运斜坡上的标量,因此将该阶段称之为漩涡输运。图 4.10(d)展示了内孤波产生破碎时的矢量图和标量云图,可以观察到此时水流流态复杂,由于多个漩涡的作用底部标量与上部水体产生大量混合,混合位置接近密度跃层位置。

### 4.2.3　斜坡标量非恒定输运规律

为了进一步研究内孤波的对斜坡上标量的输运规律,将斜坡平台高度 $h_s$ 设定为特征长度,内孤波波速 $c_w$ 为特征速度,结合坡度 $S$ 将时间尺度定义如下:

$$t^* = \frac{h_s}{c_w S} \tag{4.6}$$

该时间尺度综合考虑了内孤波和地形因素对输运阶段时间尺度的影响,斜坡越长,波速越小,则该时间尺度越大。除此之外,记录各个工况标量开始产生输运的无量纲时间,即滑移输运开始的时间,记为 $t_0$,数值模拟中 $t$ 时刻对应的无量纲时间 $T^*$ 的计算公式如下

$$T^* = \frac{t - t_0}{t^*} \tag{4.7}$$

其中 $t$ 为任意时刻,并定义三个无量纲特征时间:滑移输运阶段结束而局部输运开始的无量纲时间为 $t_1^*$;局部输运阶段结束而漩涡输运开始的无量纲时间为 $t_2^*$;漩涡输运阶段结束而二次输运开始的无量纲时间为 $t_3^*$。

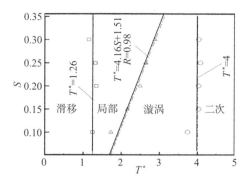

**图 4.11　各输运阶段无量纲时间**

如图 4.11 为各工况输运阶段无量纲特征时间图。由图可知在各工况下,

滑移输运阶段结束的时间，即 $t_1^*$ 接近常量 1.26。另一方面，二次输运阶段开始的时间 $t_3^*$ 也接近常量 4，与斜坡坡度无关。也就是说，局部输运阶段和漩涡输运阶段经历的无量纲时间之和在各个工况下接近，约为 2.74。与 $t_1^*$ 和 $t_3^*$ 不同的是，局部输运阶段结束的无量纲时间 $t_2^*$，则与坡度有关，呈现线性规律，即坡度越大，局部输运阶段结束的无量纲时间越晚，局部输运经历的无量纲时间越长。

以下将计算区域分成三个部分，进一步研究各输运阶段内孤波对标量的输运规律，如图 4.12(d) 所示。A 区域为斜坡之前的深水区，B 区为斜坡上方且初始无标量浓度的区域，C 区为平台上方。并统计各区域标量浓度积分百分比，绘制于图 4.12(a)—(c) 中。

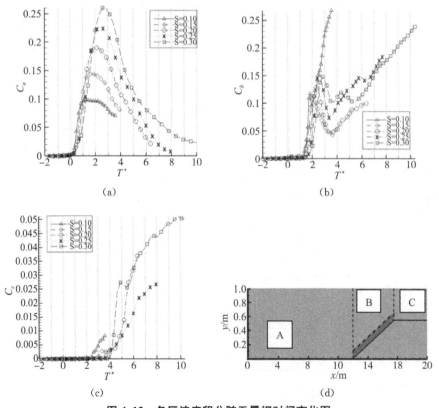

(a)

(b)

(c)

(d)

**图 4.12　各区浓度积分随无量纲时间变化图**

A 区标量浓度区域积分占总标量的百分比 $C_a$ 随时间变化如图 4.12(a) 所

示。当无量纲时间小于 0 时 $C_a$ 的值在各个工况下始终为 0,且 $C_a$ 取得最大值对应的无量纲时间接近各工况漩涡输运阶段开始的时间。这一规律说明在滑移输运阶段和局部输运阶段,内孤波都有将斜坡上的标量往 A 区输运的特征,而在漩涡输运阶段,由于底部漩涡的作用导致标量的回输。由图 4.12(b)可知 B 区标量浓度积分百分数随时间变化,$C_b$ 约在无量纲时间 $T^*$ 为 1.5 时刻开始有显著增长,与滑移阶段结束的时间接近,进一步论证了滑移输运阶段内孤波对标量带的作用以滑移为主。除坡度为 0.1 的工况外,其余工况的 $C_b$ 值均在达到局部极大值后有一下滑的过程(发生于约 $T^* = 3$),主要是由于 B 区的标量浓度主要有两部分构成,其一为局部输运导致的标量带形变,标量带部分位置壅高而进入 B 区,此部分标量随着内波破碎,底部流场形态的改变而离开 B 区回归斜坡,这也是导致 $C_b$ 值下滑的主要因素。其二为漩涡输运阶段被内孤波不断上扬而起的标量,该部分标量与上部水体掺混,留在 B 区,从而导致 $C_b$ 值的回升。图 4.12(c)为 C 区标量浓度积分相对百分比 $C_c$ 随时间变化图,除了坡度为 0.1 的 B1 工况,其余工况下均在无量纲时间为 4 附近出现显著增长,体现了在二次输运阶段内孤波将斜坡上的标量输运至平台上的特点。综合图 4.12(b)和图 4.12(c)可知坡度为 0.1 工况下各区域积分后标量浓度随时间变化规律与其余工况不同,分析认为,当坡度较缓时,内孤波破碎过程相对较为缓慢,结合图 4.11 可知其局部输运阶段无量纲历时较短而漩涡输运无量纲历时较长,局部输运历时较短导致 $C_b$ 值的回落过程发生在 $T^* = 2$ 附近,而漩涡输运阶段历时较长则导致斜坡上的标量不停地被卷涌至上部,B 区浓度百分比显著增大[图 4.12(b)],且有部分随密度跃层扩散作用而传至平台上的 C 区域,导致了 $C_c$ 值在 B1 工况下初期的增长[图 4.12(c)]。

# 4.3　上凸内孤波对标量射流的输运作用

　　射流作为水体环境中常见的水流现象,具有多种类型,例如动量射流,标量射流,浮力射流等。本书着重研究射流与内孤波的相互作用,以及内孤波对标量射流中标量的输运作用及其在斜坡上的演化规律。由于下陷内孤波下层流体反向流动特性,难以将位于斜坡上游的标量射流输运至斜坡,相对的,上凸内孤波虽然在自然界中并不常见,但其下层流体流速与波向相同,且具有与下陷内孤波类似的特性[60](例如波形稳定，能诱导底部边界层等)。因此本节设定两层流体上凸波环境工况，且射流与下层水体的密度相同，模拟内孤波与射流相互作用过程中的动量及浓度输运过程。

### 4.3.1 工况设计

此处同样研究上凸波在射流作用下对标量的输运规律的二维数值模拟。其中计算区域为 20.0 m×1.0 m×1.0 m(长×高×宽)，对应网格数分别为 8 192×256×32($x×y×z$)，水槽底部设定一固定的射流缝，位置为 $x_0$，伴随射流流速为 $V_{jet}$，挟带的标量浓度为 1，其宽度 $D_j$ 为 5 cm，对应无量纲长度为 0.002 5。针对本上凸波在射流影响下对标量输运作用的研究，将工况设计成有斜坡地形和无斜坡地形两类，两者计算示意图的区别仅为水槽尾部有无斜坡地形。

图 4.13 为有斜坡地形的计算区域示意图，水槽末端设置一固定的斜坡地形，斜坡平台高度为 0.75 m，坡脚固定在 15.0 m 处，斜坡坡度为 0.5。除斜坡平台上部分的边界采用自由出流边界外，计算区域其余边界均采用不可滑移固壁边界。具体工况以及其余参数设置见表 4.5，其中 I 系列为无斜坡工况，S 系列为有斜坡工况，其斜坡采用浸没边界点进行模拟。

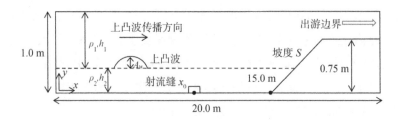

**图 4.13  上凸波与射流作用计算区域示意图**

**表 4.5  上凸波与射流作用的工况设置表**

| 工况 | $\rho_2/\rho_1$ | $h_2/h_1$ | $A_w$(m) | $x_0$(m) | $V_{jet}$(m/s) | $Ri_j$ | $Re_j$($10^3$) | 斜坡 |
|---|---|---|---|---|---|---|---|---|
| I1—I4 | | | 0.10 | 10.0 | 0.05~0.20 | 0.37~5.89 | 2.5~10 | 无 |
| I5—I7 | 1.03/1.0 | 25/75 | 0.15 | 10.0 | 0.05~0.20 | 0.37~5.89 | 2.5~10 | 无 |
| S1—S5 | | | 0.15 | 10.0~14.8 | 0.10 | 1.47 | 5.0 | 有 |

表中无量纲数理查德森数($Ri_j$)和射流雷诺数($Re_j$)的计算公式如下所示：

$$Ri_j = \left(\frac{\rho_2}{\rho_1} - 1\right)\frac{gD_j}{V_{\mathrm{jet}}^2} , Re_j = \frac{V_{\mathrm{jet}}D_j}{\nu} \tag{4.8}$$

从计算公式可知,若密度差越小,射流流速越大,则理查德森数越小,分层相对于射流就越不稳定,射流雷诺数则直接反应了射流流速的大小。

### 4.3.2　内孤波与射流的相互作用

根据 I 系列工况数值模拟结果,射流非线性作用对内孤波的影响主要可以归纳为以下两点:其一,增强内孤波前波面的水体混合;其二,导致内孤波后波面的不稳定。除此之外,射流的非线性影响作用与两无量纲数 $Ri_j$ 和 $Re_j$ 有关,射流雷诺数越大,理查德森数越小,则非线性影响越明显。

如图 4.14 为两典型工况下射流与上凸波相互作用时的密度云图,图(a)为低雷诺数,图(b)为高雷诺数,其中深色为下层水体,浅色为上层水体,黑色线是由过射流口的流线而定义的射流轨迹线[228]。由于在内孤波传播的背景下,难以建立统一的无量纲时间尺度同时刻画射流与内孤波,因此此处采用绝对时间尺度[229],值得一提的是,内孤波的初始波峰位于 $x=5.0$ m 处。

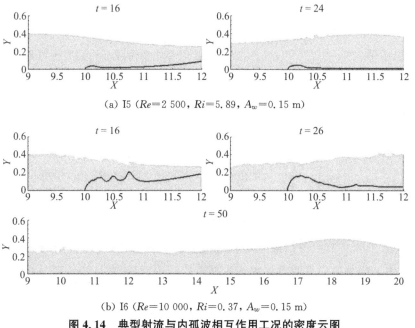

(a) I5 ($Re=2\,500$, $Ri=5.89$, $A_w=0.15$ m)

(b) I6 ($Re=10\,000$, $Ri=0.37$, $A_w=0.15$ m)

**图 4.14　典型射流与内孤波相互作用工况的密度云图**

(空间尺度单位为米,时间尺度单位为秒)

由图 4.14(a)可知,当射流口流速较小,对应于射流雷诺数小,理查德森数较大时,分层特性较为显著,在射流的影响下,起初在内孤波的前波面形成一个小的波包,但其随内孤波的传播而耗散。在 $t=24$ s 时,内孤波后波面在射流的影响下产生些许的不稳定。而在射流口雷诺数较大的图 4.14(b)工况下,在内孤波波峰传至射流口上方前,内波前波面处有较强的水体混合,耗散了内孤波部分的能量。当内孤波传过射流口时,后波面产生了明显的 $K$-$H$ 不稳定现象。但是相对于整个分层面平面尺度而言,射流口尺寸相对较小,因此射流对内孤波的非线性作用也仅限于射流口局部范围。对比两个工况的射流轨迹可知,射流会由于内孤波诱导的横向流场而产生弯曲。由于相同波幅的内孤波所诱导的横向流场强度相同,因此射流口流速越小则弯曲越明显,其规律与单一横向水流所导致的射流弯曲规律类似。另一方面,由于内孤波诱导的流场具有非均匀非恒定的特殊性,波峰位置所诱导的横向流速最大并向两侧衰减,因此从图 4.14 中的射流轨迹可以看出,当内孤波波峰位于射流口上游时,射流弯曲轨迹呈现上扬趋势,而当内孤波波峰位于射流口下游时,射流弯曲轨迹呈下降趋势。

### 4.3.3 内孤波对标量射流的输运动力

由数值模拟结果可知,内孤波对标量射流的输运作用可以分为两部分,如图 4.15 所示,其中用红色表示上层水体,红色界面即为密度跃层,用灰度表示相对标量浓度。当内孤波波幅传至射流口附近时,可以明显观察到随着射流流线的弯曲,射流所挟带的浓度也随之弯曲,并在约 $x=10.5$ m 处与底部边界接触,另有一部分标量浓度由于射流的作用传至分层面处($t=24$ s)。当内孤波传过射流口后($t=32$ s),可以从浓度云图中将内孤波对标量射流的两部分输运更为明显地区分出来:其中 C1 区域的浓度位于分层面处,远离底部边界,该部分浓度将随着内孤波的传播而传播,直至内孤波耗散而停滞于水体中。另一方面,C2 区域相对浓度值则整体高于 C1 区域,该部分浓度可进一步细分为两部分,其中一部分为底部浓度。由于内孤波的作用,射流在波幅传至时弯曲,进而在波幅远离时回弹,但射流所挟带的标量浓度却因此残留于底部,该部分标量由内孤波诱导而产生的边界射流所输运[58]。另一部分为射流口附近的浓度,这部分浓度被内孤波诱导的下层水体流场与射流共同作用所输运。由于无论是内孤波诱导的射流口底部附近的边界层射流,还是内孤波诱导的下层水体流场,均仅存在于内孤波波幅周围区域,因而随着内孤波的远去,C2 区域标量浓度的输运特征会减弱。

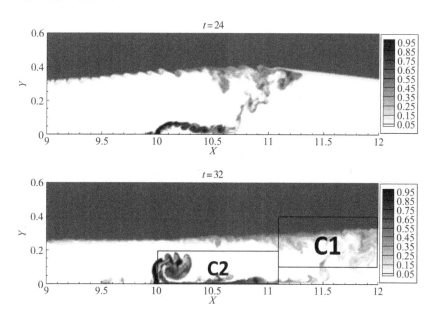

**图 4.15　典型工况下内孤波对标量射流的输运作用**

(空间尺度单位为米,时间尺度单位为秒)

(工况 I6,$Re=10\ 000$,$Ri=1.47$,$A_w=0.15$ m)

进一步提取 I6 工况下 $t=24$ s 的涡量云图,并与其他工况比较,绘制于图 4.16 中。通过观察可知,无论何种工况下,底部边界层的涡量符号均不是单一的,且远离射流口处的边界层为负值,与射流涡量符号保持一致,靠近射流口处为正值,正负值交界处接近于常量 $x=10.5$ m。进一步观察发现,在图 4.16(a) 与(c)处,当射流涡量接近底部边界层时,边界层对应位置即会产生正值的涡量;在图 4.16(b)和(d)中,虽然由于波幅较大导致射流紊动较为剧烈,但是仍旧可以观察到射流涡量接近底部边界层处时,边界层涡量为正值。因此,上述规律可以总结为,底部边界层附近离射流口较远的负值涡量主要为内孤波诱导,而离射流口较近的正值涡量则为射流诱导。值得一提的是,在射流雷诺数相对较高的 I4 和 I6 工况下,内孤波对射流的扰动作用明显强于小雷诺数工况,同样的,C2 区标量浓度与水体的混合效应也同样在高雷诺数工况下更为剧烈。

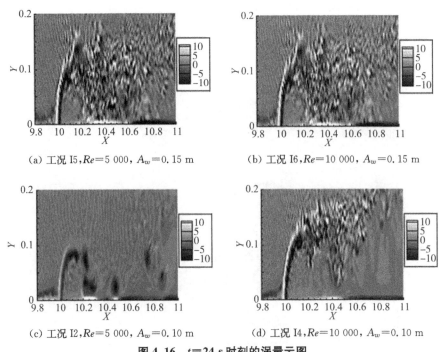

(a) 工况 I5，$Re=5\,000$，$A_w=0.15$ m　　(b) 工况 I6，$Re=10\,000$，$A_w=0.15$ m

(c) 工况 I2，$Re=5\,000$，$A_w=0.10$ m　　(d) 工况 I4，$Re=10\,000$，$A_w=0.10$ m

**图 4.16　$t=24$ s 时刻的涡量云图**

(空间尺度单位为米)

### 4.3.4　内孤波输运标量射流的空间尺度

如图 4.17 为工况 I6 在 $t=32$ s 时 C1、C2 两区域的相对标量浓度浓度沿程变化，此时对应的内孤波波幅位置处于约 $x=13.0$ m 处。由图可知，C1 区域标量相对浓度最大值约为 0.25，且沿 $x$ 方向衰减速率较慢，呈现出波动衰减的趋势，在 $x=13.0$ m 处的内孤波头部仍然存在少量的标量浓度。相比而言，C2 区域标量浓度分布则存在显著的差别，在 $x=10.0$ m 的射流口处，标量相对浓度接近 1.0，随后在 $x$ 方向迅速减少，在 $x=10.3$ m 处达到一极小值。在这一范围内，标量浓度变化主要由于射流自身的紊动以及扩散所导致。随后，在 $x=10.4$ m 处，C2 区的标量相对浓度达到又一峰值。结合图 4.16，在内孤波诱导的横向流场下，射流产生弯曲，射流头部不断产生漩涡，并脱落在 $x=10.4$ m 周围，这些漩涡挟带着大量的标量浓度，进而导致此处标量相对浓度较大。在 $x=10.4$ m 之外的远离射流口处，标量浓度逐渐减少，且衰减速率远大于 C1

区衰减速率,在 $x=11.6$ m 处接近 0 值,距离射流口的距离为 1.6 m。从上述分析可以进一步看出,由内孤波诱导的底部边界层对标量的输运作用长度尺度远小于内孤波分层面对标量的输运尺度。

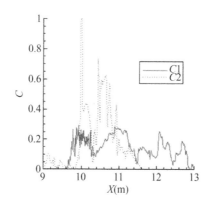

**图 4.17 两区域沿流向的浓度变化**

(工况 I6, $Re=10000$, $Ri=1.47$, $A_w=0.15$ m)

图 4.18(a)为工况 S2 下上凸内孤波的爬坡密度云图,图中时刻分别对应波幅为 0.15 m 的上凸内孤波爬坡的典型时刻,在 $t=32$ s 时,上凸内孤波前波面接触斜坡,标志着上凸内孤波爬坡过程的开始;$t=42$ s 时,上凸内孤波爬坡达到峰值,下层水体沿坡面达到最高点。图 4.18(b)和图 4.18(c)分别为 S2 和 S5 工况下,内孤波爬至最高处时刻的矢量图和标量相对浓度图。由图 4.18(b)可知,在 S2 工况下,斜坡上的浓度主要为分层面处标量浓度,而在斜坡底部没有明显的标量浓度。而在图 4.18(c)中的 S5 工况下,不仅在分层面处,斜坡底部也存在较大的标量浓度。对比两工况设置,可以发现 S2 工况下射流口与坡脚的水平距离为 3.2 m,而在 S5 工况下,射流口与坡脚距离为 0.2 m。结合之前的分析可知,斜坡底部的标量浓度主要由内孤波诱导的底部边界射流输运,上述结果不仅进一步说明了内孤波诱导的底部边界输运空间尺度小,还表明了即使在爬坡过程中,上凸内孤波诱导的底部边界层依旧对坡脚附近的标量射流存在输运作用。

为了进一步研究两种输运作用的空间尺度影响,将 S2—S5 工况下斜坡上的标量浓度积分,并绘制其随时间的变化曲线于图 4.19 中,其中用纵坐标 $C_t$ 表示斜坡上标量浓度积分。由图可知,射流口越靠近坡脚,$C_t$ 的值整体越大,且

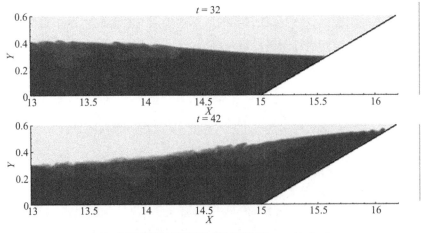

（a）内孤波爬坡过程密度云图（工况 S2，$x_0 = 11.2$ m）

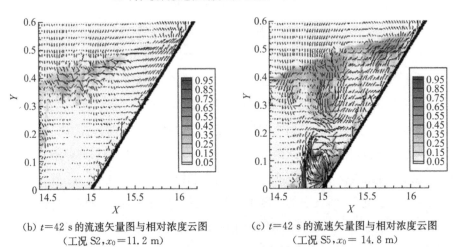

（b）$t = 42$ s 的流速矢量图与相对浓度云图　　（c）$t = 42$ s 的流速矢量图与相对浓度云图
　　（工况 S2，$x_0 = 11.2$ m）　　　　　　　　　（工况 S5，$x_0 = 14.8$ m）

**图 4.18　内孤波爬坡中的浓度云图**
（空间尺度单位为米，时间尺度单位为秒）

无论何种工况下，$C_t$ 值均在 $t = 42$ s 时刻附近达到最大，也同样对应于上凸内孤波爬至峰值时刻。此外，S5 工况下，$C_t$ 开始上涨的时间明显早于其他工况，其主要是因为 S5 工况射流口离斜坡过近，射流在内孤波作用下的弯曲导致射流的标量过早进入斜坡区域。在 $t = 42$ s 后，内孤波爬坡过程结束，随之而来的是分层面沿斜坡滑落，从而导致随分层面运动而输运的标量逐渐离开斜坡范围，这也是导致 $C_t$ 在 42 s 后显著下降的主要因素。通过对比 S4、S5 工况和 S2、S3 工况可知，在计算时刻末，S2、S3 工况的 $C_t$ 值小于 S4、S5 工况，一方面原因是前两工况的射流口离斜坡较远,分层面中残留的标量相对浓度较小,另一方面是因为 S4、S5 工况的射流口距离均小于 1.6 m,即均处于该波幅下底部边界输运标量的空间尺度的范围内,底部边界层输运标量仍有部分残留于斜坡上,从而导致图 4.19 曲线末尾段的差异性。

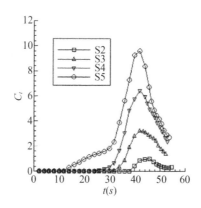

**图 4.19　各工况斜坡上浓度积分随时间变化**

# 4.4　本章小结

本章针对密度分层水体中分层内界面上内孤波的传播、破碎等数值模拟研究,并以斜坡地形和射流对内孤波的非线性作用为例,研究内孤波对标量的输运规律。主要研究内容和结论如下:

(1)建立二维分层数值水槽,模拟内孤波的传递、爬坡、破碎过程,并将数值模拟结果与内孤波理论解及实验成果研究作对比,说明本书所建立的数值模型可以用于分层环境下内孤波的数值模拟研究中。

(2)数值模拟研究表明,下陷内孤波在斜坡地形上的爬坡过程中,对斜坡底部的标量带输运按时间先后可以分为四个阶段:滑移输运阶段、局部输运阶段、漩涡输运阶段以及二次输运阶段。其中,在漩涡输运阶段,由内孤波破碎所诱导的漩涡对斜坡底部标量带的输运作用最为剧烈,是将斜坡底部标量输运至上部水体的主要动力;二次输运阶段的输运方向与滑移输运阶段、局部输运阶段相反,主要发生于内孤波破碎后以和平台地形上发生极性反转后。

(3)通过对各输运阶段的无量纲时间尺度进行分析,可知在内孤波波幅恒定的情况下,滑移输运阶段结束的无量纲时间以及二次输运阶段开始的无量纲时间保持为定值,分别为 1.26 和 4,而与斜坡坡度无关;局部输运阶段和漩涡输运阶段持续的无量纲时间总和亦为定值,但斜坡坡度越大,斜坡越陡,局部输运阶段持续时间越长,而漩涡输运阶段持续的时间越短。

(4) 在射流雷诺数小于 10 000,理查德森数小于 5.89 的工况下,上凸型内孤波能在射流作用下稳定传播,且内孤波诱导的流场对标量射流所含标量的输运作用,其动力因素有二,其一是分层面处内孤波主体对标量的输运,其二是内孤波诱导的底部边界层对标量的输运。

(5) 数值模拟结果表明,不同驱动因素所产生的标量输运作用在空间上存在差异性。由内孤波主体驱动的输运作用主要输运分层面附近的标量,该输运挟带标量能力强,空间尺度较长,标量可伴随着内孤波传播而传播,直至内孤波完全耗散;由底部边界层驱动的标量输运则较弱,空间尺度较短,在波幅为 0.15 m 的工况下,其沿波向的标量输运距离约为 1.6 m,远小于分层面尺度。

# 第 5 章

# 内孤波对斜坡上桩基的造床作用

大量研究表明,由于自然界中下陷内孤波的广泛存在,上下层水体流向相反,分层环境下的桩柱会在密度跃层处受到较强的剪切力[230]。然而在分层环境下,桩柱所受到的威胁不仅是内孤波所造成的剪切破坏,还包括内孤波对桩基的局部冲刷作用。尤其是在内孤波爬坡破碎的过程中,伴随着内孤波大量能量的释放与水体强烈的掺混,斜坡上的桩基会存在潜在的威胁。本章基于前两章的研究成果,研究下陷内孤波对斜坡上圆柱型桩柱基础的局部冲刷效应,并对冲刷坑形态、规模以及形成机理进行分析。

# 5.1 工况设计

## 5.1.1 三维分层数值水槽

由于在内孤波破碎背景下的桩柱绕流具有较强的三维特征,因此本章建立三维分层数值水槽,水槽尺寸为长 10.0 m,高 1.0 m,宽 0.46 m,此处对应网格数量分别为 4 096,128,256,既保证了柱周相对网格密度与纯流环境工况相同,也保证了由内孤波诱导的摩阻流速而计算的无量纲网格尺寸与纯流环境工况类似;在水槽右端设置一斜坡,斜坡上安置一直径 $D$ 为 10.16 cm 的圆形桩柱,具体示意图如图 5.1 所示。密度跃层高度(下层水体深度)为 0.75 m,两层水体密度比为 1.03,斜坡坡度为 $S$,桩柱设置于水槽中轴面处,桩柱中心与坡脚的水平距离为 $L_D$。其中桩柱边界和斜坡面均用浸没边界点进行刻画,斜坡面为动态浸没边界点。

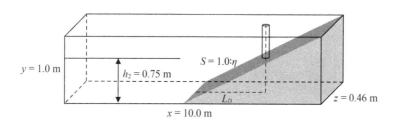

**图 5.1 三维分层水槽示意图**

### 5.1.2　桩柱位置设计

为了充分研究内孤波对桩柱局部的造床作用,应当将桩柱安置于水动力较为复杂的区域,内孤波在斜坡上的爬坡破碎过程是一个复杂的动力过程,Helfrich 将内孤波破碎的位置定义为内孤波后波面变陡并接近于与斜坡坡面垂直时,内孤波波谷所处的位置[7]。Boegman 等人的研究认为内孤波波幅 $A_w$、波长 $L_w$ 与破碎位置满足如下经验公式[231]:

$$\frac{A_w}{h_b} = \frac{0.14}{(L_w/L_1)^{0.52}} - 0.03 \tag{5.1}$$

其中,$h_b$ 为内波在斜坡上产生破碎时该处对应的下层水体深度,该参数与斜坡的坡度密切相关;$L_1$ 为破碎位置与坡脚的水平距离。

后来,Aghsaee 等人对该公式提出修正,并认为破碎位置应当定义为内孤波在破碎过程中产生最大能量时波谷对应的位置,即此时动能最大而内孤波有效势能最小。其物理实验研究表明,当坡度 $S$ 在 0.01 至 0.3 范围内,有以下经验公式[232]:

$$\frac{A_w}{h_b} = \frac{0.14}{(L_w/L_1)^{0.28}} + 0.13 \tag{5.2}$$

总体而言,上述两经验公式均表明内孤波破碎位置与内孤波波幅和斜坡坡度有关。因此,本书先取斜坡坡度为 0.25,波幅分别为 0.10 m 和 0.15 m,对下陷内孤波在斜坡上的破碎位置进行研究。

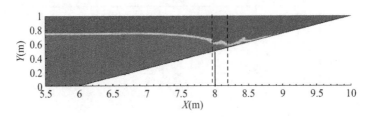

(a) $A_w$=0.10 mm,$t$=26.16 s

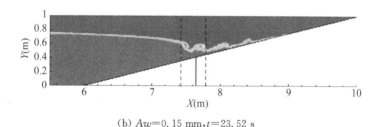

(b) $Aw=0.15\text{ mm}, t=23.52\text{ s}$

**图 5.2　下陷内孤波斜坡上破碎云图**

图 5.2 为两不同波幅的内孤波在坡度为 0.25 的斜坡上的破碎云图,两工况下内孤波破碎位置区域如图中虚线所示,图中实线为根据式(5.2)计算得出的理论破碎位置,恰好位于虚线范围内。因此,本书采用式(5.2)对各工况下的内孤波破碎位置进行估计,并作为参照设置桩柱位置,共设置 12 组工况。其中 C 工况桩柱设置于破碎位置上游,而 D 工况的桩柱则在下游,具体参数工况见表 5.1。

**表 5.1　内孤波与斜坡桩柱作用工况参数设计表**

| 工况 | 波幅 $A_W$ (m) | 坡度 $S$ | 桩柱位置 $L_D$ (m) | 破碎位置 $L_1$ (m) | 工况 | 桩柱位置 $L_D$ (m) |
|---|---|---|---|---|---|---|
| C1 | 0.10 | 0.20 | 1.10 | 2.53 | D1 | 2.72 |
| C2 | 0.15 | 0.20 | 1.10 | 2.22 | D2 | 2.72 |
| C3 | 0.10 | 0.25 | 1.60 | 2.05 | D3 | 2.20 |
| C4 | 0.15 | 0.25 | 1.63 | 1.68 | D4 | 1.89 |
| C5 | 0.10 | 0.30 | 1.33 | 1.72 | D5 | 1.93 |
| C6 | 0.15 | 0.30 | 1.28 | 1.32 | D6 | 1.88 |

## 5.1.3　泥沙参数设计

通常而言,自然界中陆架地形上的泥沙均以未完全固结的沉积物形式出现,本书参照田壮才等人对中国南海沉积物的统计数据[15]以及 Bourgault 等人研究陆架斜坡上泥沙再悬浮的数值模拟结果[233],将此次模拟的泥沙中值粒径设置为 0.3 mm,为非粘性沙,并将泥沙的相对密度设置为 1.1,泥沙水下休止角设置为 30 度。

# 5.2 内孤波作用下的桩基局部地形变化

为了更清晰地描述局部地形形态,本章延用第 3 章所采用的俯视图坐标系,即以圆柱桩柱为参考点的坐标,得到迎流角 $\gamma$ 以及距桩柱中心的相对距离 $r$。

## 5.2.1 桩基局部地形形态

研究表明,除部分局部地形变化不明显的工况外,经由内孤波作用后桩基局部地形的形态大致可分为两类。

### 5.2.1.1 第一类局部地形

以 D4 工况为例,第一类局部地形形态变化随时间发展的等值线图如图 5.3 所示。由图可知,$t=18.12$ s 时,在桩柱下游侧柱肩位置开始产生少量冲刷,随着时间的推移,该冲刷逐步扩大形成冲刷坑,并向两侧与上游发展。当 $t=22.22$ s 时,冲刷坑形态逐渐稳定,冲刷坑最深处位于 $\gamma$ 为 110 度至 120 度,$r$ 为 0.5 至 0.6 范围内。除此之外,该时刻还出现了少量的淤积斑,主要分布于桩柱上游侧。内孤波破碎后,D4 工况下的局部地形最终形态变化如图 5.3(d) 所示,虽然由于下陷内孤波的存在,下层水体的主流方向与波前进方向相反,进而导致冲刷坑形成的位置与纯流环境下不同,但就冲刷坑的形态而言,与纯流环境下冲刷坑相似,即两者存在一定的对称关系。另一方面,内孤波工况与纯流工况下局部地形也存在一定的差别:(1)内孤波工况下,冲刷坑的周围并无明显的淤积现象;(2)内孤波工况下,桩柱周围存在少量的淤积斑,但该淤积斑尺寸相对较小,而纯流工况则在柱后有明显淤积。

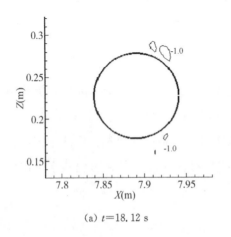

(a) $t=18.12$ s

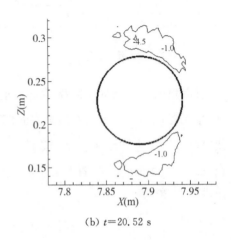

(b) $t=20.52$ s

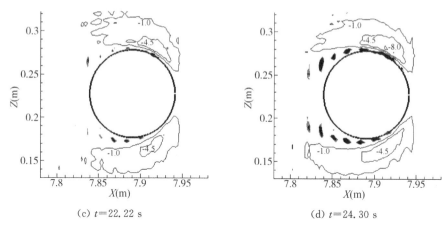

(c) $t=22.22$ s　　　　　　　(d) $t=24.30$ s

**图 5.3　D4 工况下局部地形变化等值线图**

（等值线数字单位为毫米，黑点表示淤积斑）

## 5.2.1.2　第二类局部地形

以 D6 工况为例，第二类局部地形变化随时间的发展等值线图如图 5.4 所示。在 D6 工况下，当 $t=19.36$ s 时，桩柱周围出现少量的冲刷斑，随后形成冲刷坑，但其冲刷坑的位置对应 $\gamma$ 范围为 45 度至 120 度，与第一类局部地形存在显著的差异。该冲刷坑于 $t=22.04$ s 时发展完全，其冲刷坑最深处位于 $\gamma$ 为 60 度至 80 度，$r$ 为 0.9 至 1.1 范围内。最终，当内孤波完全破碎后，局部地形如图 5.4(d)所示，相比图 5.4(c)，冲刷坑的范围以及深度均略有减小，且在桩柱上游处生成了些许淤积斑。

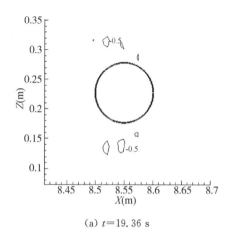

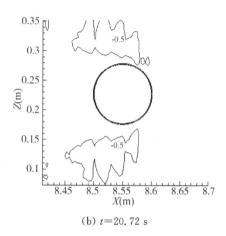

(a) $t=19.36$ s　　　　　　　(b) $t=20.72$ s

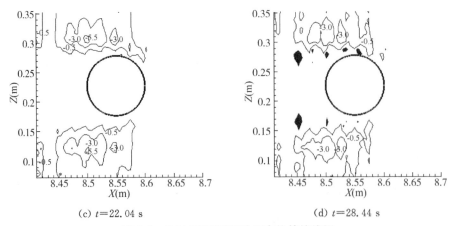

(c) $t=22.04$ s        (d) $t=28.44$ s

**图 5.4　D6 工况下局部地形变化等值线图**

（等值线数字单位为毫米，黑点表示淤积斑）

### 5.2.1.3　局部地形演变规律总结

若将下陷内孤波传播时所诱导的下层水体流速反向的因素考虑在内，以内孤波破碎前床面附近的主流方向定义"前"、"后"，将两类局部地形与纯水流情况下桩柱局部冲刷地形对比，可知总体而言，第一类局部地形与纯流情况类似，最大冲刷坑位置均处于柱前肩部，且冲刷坑沿水流方向往柱后发展。相比之下，第二类局部地形冲刷坑主要形成于柱两侧偏后方，其最大深度离柱较远。另一方面，当内孤波波幅较小且斜坡较为平缓时，内孤波爬坡破碎过程中所产生的底部切应力较小，不足以使局部地形产生明显变化，最终将各工况按所产生的局部地形变化形态分类总结成表 5.2。

**表 5.2　各工况局部地形变化类别汇总**

| 类别 | 第一类 | 第二类 | 无明显变化 |
| --- | --- | --- | --- |
| 工况 | C4,C5,C6,D3,D4,D5 | D2,D6 | C1,C2,C3,D1 |

### 5.2.2　最大冲刷坑深度随时间的发展

为了进一步研究两类局部地形的变化规律，提取各工况下最大冲刷深度位置处的局部地形变化值，并用最大冲刷深度进行无量纲化，得到相对冲刷深度 $e$ 随时间变化规律，并绘制其随时间变化规律。

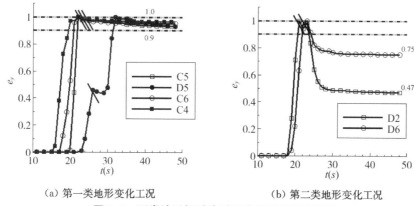

（a）第一类地形变化工况　　　　　　　　（b）第二类地形变化工况

**图 5.5　两类地形相对冲刷深度随时间变化规律**

如图 5.5 所示，在第一类局部地形中选取 C4、C5、D5、C6 四个工况，将其结果绘制成图（a），将第二类局部地形对应工况结果绘制成图（b），其中反斜线表示该时刻内孤波后波面最陡，并开始破碎的时刻。由图可知，桩柱开始产生冲刷的时间（即图中曲线起涨点对应的时间）在各工况下并不相同，但均在内孤波开始破碎之前。以最终形成的冲刷坑深度而言，第一类局部地形对应的工况下，冲刷坑的深度最终维持为期间所形成的最大冲刷坑深度的 90% 以上，而第二类的 D2、D6 两工况最终形成的冲刷坑深度分别仅为期间最大深度的 47% 和 75%。除此之外，图 5.5(a) 中，以 C4、C5、C6 工况为例的最大冲刷坑产生的时间接近于内孤波开始破碎的时间，而 D5 工况下，最大冲刷坑则形成于内孤波开始破碎时刻后，且其曲线整体趋势也异于其他第一类局部地形对应的工况。图 5.5(b) 中，两工况的最大冲刷坑形成时间也接近内孤波开始破碎的时刻，但是当内孤波产生破碎后不久，冲刷坑范围与深度迅速缩小。总体而言，各工况下，柱基冲刷均产生于内孤波破碎前，而在内孤波破碎后，大部分工况柱基呈现淤积态势。以下对桩基冲淤产生的机理进行进一步分析。

# 5.3　桩基局部冲刷作用产生机理

地形冲刷作用与内孤波的水流结构密切相关，且与纯流工况相比，内孤波爬坡破碎过程的水动力场具有明显的非恒定特征，因此，此处针对不同时刻的水流结构分别进行分析。为了研究内孤波作用下产生两种不同形态局部地形的原因，分析局部地形冲刷的产生机理，本节选取 C6 工况、D6 工况和 D5 工况对不同时刻的水流进行对比分析。

### 5.3.1 内孤波破碎前的桩基冲刷效应

在下陷内孤波破碎前,在密度跃层和底部斜坡地形挤压下,部分区域的下层水体流速会明显增大。为了进一步研究内孤波破碎前的流场特征,以下截取过圆柱轴线的 $z=0.23$ m 平面进行分析。

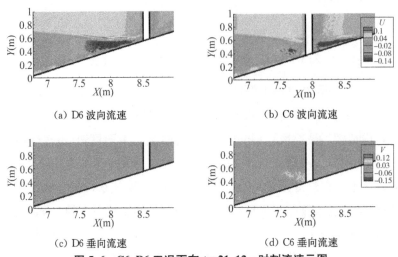

(a) D6 波向流速　　　　　　　　(b) C6 波向流速

(c) D6 垂向流速　　　　　　　　(d) C6 垂向流速

**图 5.6　C6,D6 工况下在 $t=21.12$ s 时刻流速云图**

就横向水平尺度而言,桩柱尺寸远小于内孤波,因此桩柱位置对内孤波整体流速的影响较小。该现象可从图 5.6(a) 和图 5.6(b) 两水平流速云图看出,即使是在过圆柱轴线的切面上,两者流速分布整体大致相似。由图 5.6(a)、(b) 可知,在内孤波波谷与斜坡的挤压下,在相同位置均产生相同规模的逆波向流速增大现象,其范围约为 $x=7.5$ m 至 $x=8.6$ m 之间,称之为逆波向流速带。桩柱对内孤波诱导流场的局部影响作用则可由图 5.6(b)、(d) 共同反映。图 5.6(b) 表明,由于 C6 工况下桩柱处于流速增大区之内,因此在 $z=0.23$ m 截面上,该增大的负向流速区在桩柱周围消失,为桩柱所截断。图 5.6(d) 则表明,由于桩柱的存在,在 $x$ 为 7.5 m 至 8 m 之间的范围内产生较大的垂向流速,该现象与纯流条件下形成于柱后的上升水流相似,但其规模相对较小。

进一步提取该时刻两工况下的柱周切应力分布,并用临界起动切应力进行无量纲,如图 5.7 所示。

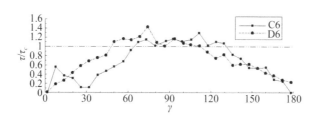

**图 5.7　$t=21.12$ s 时刻柱周切应力分布**

由图可知,两工况下柱周切应力分布趋势整体相似,即切应力较大值均分布在 $\gamma$ 为 90 度周边,且其峰值也接近,说明逆波向流速带能导致局部泥沙的起动。然而,C6 工况下,床面切应力比临界起动切应力大的范围,即图中位于虚线以上部分,其对应 $\gamma$ 值约为 62 度至 134 度,而 D6 工况下 $\gamma$ 值约为 47 度至 114 度,整体而言,两者存在约 20 度的偏差。该切应力分布结果也是导致两工况冲刷坑初期形成位置不同的直接原因。

### 5.3.2　内孤波破碎后的桩基冲刷效应

内孤波开始破碎后,之前所诱导的逆波向流速带迅速消失,分层水体产生一定的掺混,并在原后波面附近产生一顺波向流速区,且其随时间不断上爬,以下用图 5.8 进行详尽说明。

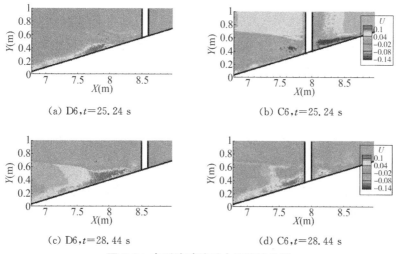

**图 5.8　内孤波破碎后水平流速云图**

图 5.8 为 C6、D6 两工况下内孤波破碎后两时刻在 $z=0.23$ m 截面上的水平流速云图。由图 5.8(a)可知,在内孤波破碎初期的 $t=25.24$ s,在内孤波破碎位置 $L_1=1.32$ m,即 $x=7.99$ m 附近,产生了较大的顺波向(正向)水平流速带,而图 5.8(b)中,由于桩柱位于内孤波破碎位置附近,其阻挡作用将流速带截断。随着内孤波破碎历程的发展,该加速带逐渐向坡顶发展,从起初的内孤波破碎位置($x=7.99$ m 附近)发展至 $x=8.4$ m 附近,如图 5.8(c)所示。与内孤波破碎前分析类似,由于桩柱尺寸远小于内孤波尺寸,因此桩柱无法对内孤波整体流场特性产生较大影响,如图 5.8(d)所示,即使该切面有桩柱阻挡,在 $x=8.4$ m 附近依旧存在加速流速带。

数值模拟结果表明,在 C6、D6 工况下,该加速带并未对斜坡地形产生冲刷效应。为了进一步研究该加速带对桩柱局部地形的影响,沿 $x$ 方向提取斜坡底部横向平均水平流速,利用内孤波破碎前最大逆波向流速值进行无量纲,绘制坡底平均流速沿坡分布图,如图 5.9 所示。

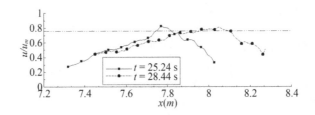

**图 5.9　坡底平均流速沿坡分布图**

图 5.9 为 D6 工况下两时刻的水平流速沿坡分布图。由图可知,整体而言,内孤波破碎后产生的顺波向流速带大小整体小于逆波向流速带的流速大小,其最大值约为破碎前最大流速的 80%。结合图 5.8,可知该流速带的最大流速位于流速带的头部附近,且随着时间的推移,该流速带的最大流速存在一定的耗散。根据计算结果,在本书工况中,能引起桩基局部冲刷所对应斜坡附近流速阈值如图中点划线所示,结合顺波流速带的沿程分布结果,可知仅在特定工况下,该加速带才能对桩柱附近造成泥沙起动,例如在 C6 的内孤波波幅与斜坡坡度组合下,$t=25.24$s 时刻桩柱位于 7.75 m 附近或 $t=28.44$ s 时刻桩柱位于 8.05 m 附近。因此,在 C6 工况下该流速带并未对桩基局部产生冲刷效应,而此也是仅有图 5.5(a)中的 D5 工况在内孤波破碎后依旧能产生较大

的冲刷的原因。根据图 5.5 的 D5 工况冲刷坑随时间发展曲线,选取 D5 工况下特征时刻水平流速云图如图 5.10 所示。

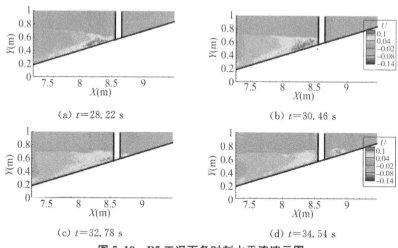

(a) $t=28.22$ s

(b) $t=30.46$ s

(c) $t=32.78$ s

(d) $t=34.54$ s

**图 5.10　D5 工况下各时刻水平流速云图**

从图 5.10 的 D5 工况水平流速云图可知,在 $t=28.22$ s 时刻内孤波已经破碎,在预估破碎位置 $L_1=1.72$ m 即 $x$ 约为 8.39 m 附近产生顺波向流速带,但此时该桩柱未在流速带区域内,因此此时桩柱周围地形并无明显冲刷,而由在 $t=30.46$ s 时刻和 $t=32.78$ s 时刻的流速云图可知,流速带已经发展至桩柱周围,且其最大流速衰减程度较小,因此此时泥沙仍然被内孤波诱导的底部流速不断起动,因而在图 5.5(a)中 D5 工况冲坑最大深度在期间继续发展。图 5.10(d)表明,在 $t=34.54$ s 前后,桩柱虽处于流速带中,但该处流速带的流速相对较小,已经无法使桩柱周边泥沙产生大规模的起动,因此冲刷坑深度在约 $t=34$ s 前后达到极值。

# 5.4　柱基局部淤积作用产生机理

由之前的分析可知,在内孤波破碎过程中,使得桩柱周围泥沙起动的历时主要为内孤波破碎前逆波向流速带以及内孤波破碎后顺波向流速带经过桩柱的时间段。即其余时刻下,内孤波诱导的河底切应力均小于泥沙起动临界切应力,整体呈现淤积形态。因此,这些时段水体中何处含有悬移质直接决定了桩基周围何处产生淤积。

数值模拟结果表明,在本书工况下,内孤波对悬移质的输运作用在 $Z$ 方向很弱,远小于 $X$ 向和 $Y$ 向输运强度。另一方面,各工况下,由桩基局部冲刷而产生悬移质的 $Z$ 值范围为 0.15 至 0.31 m 之间,因此,以下仅对两截面之间的区域内的悬移质进行统计与分析。

### 5.4.1 悬移质浓度的横向输移对淤积的影响

之前的数值模拟结果表明,内孤波对斜坡上的标量输运按时间分可分为滑移输运、局部输运、漩涡输运、二次输运四个阶段,而在本书的工况中,水体中悬移质的唯一来源即为斜坡床面上的泥沙起动,换言之,仅当桩基局部泥沙起动后的时间段内水体中才会含有悬移质。因此,为了研究悬移质对桩基的淤积效应,此处先对内孤波破碎前桩基冲刷期的悬移质产生与移动进行研究。研究表明,在内孤波破碎前,各工况下河床的悬移质主要分布于近斜坡底层,且从桩柱局部产生冲刷到内孤波破碎前的过程中,水槽中悬移质总量随时间呈现增加趋势。

为了进一步分析内孤波对悬移质的输运规律,选取四典型工况,根据图 5.5(a)的冲刷坑深度随时间变化,选取各工况桩柱地形发展最快时刻 $t_b$ 以及内孤波破碎时刻 $t_p$,分别提取两选定时刻断面平均悬移质浓度 $C$ 的沿程变化,并用 $t_b$ 时刻最大值 $C_m$ 进行无量纲,所得结果如图 5.11 所示

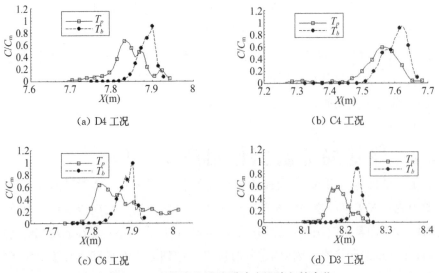

(a) D4 工况　　　　　　　　　　(b) C4 工况

(c) C6 工况　　　　　　　　　　(d) D3 工况

**图 5.11　断面平均悬移质浓度沿波向的变化**

　　通过观察四图可知,在桩柱冲刷最快的时刻($t_b$时刻),悬移质沿程分布曲线呈现出"狭窄高耸"的特性,即悬移质浓度分布较为集中,且其值相对较大。就极值出现的位置而言,$t_b$时刻,悬移质极值出现于桩柱周边,与此时刻桩柱周围发生较大冲刷的模拟结果相符。而随后在内孤波破碎的 $t_p$ 时刻,悬移质浓度分布曲线则呈现出宽扁型,即极大值的大小比 $t_b$ 时刻小,浓度范围分布变广。该分布出现的主要原因可归结为内孤波逐渐开始破碎,水体掺混逐渐加强,进而导致悬移质分布在顺波向产生一定的坦化。另一方面,由之前章节的分析可知,从 $t_b$ 到 $t_p$ 历时的大部分时间段均为滑移输运时段,因此内孤波对斜坡上标量的输运主要为逆波向的横向输运,从而导致 $t_p$ 时刻下悬移质的极值位置明显向上游移动,综合各个工况而言,该历时段内的悬移质波峰移动的平均距离约为 0.15 m。

## 5.4.2　悬移质浓度的垂向分布对淤积的影响

　　从空间划分而言,内孤波在破碎过程中对标量的输运分为接近河底床面尺度的底部边界层输运和接近分层面两部分,为了进一步分析其对桩基局部地形的淤积作用,本书选取 C6、D6 两典型工况进行分析。

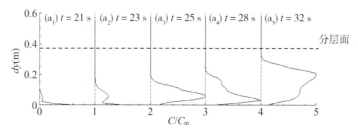

(a) C6 工况, $r\cos(y)=0.6$ 截面

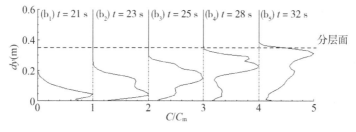

(b) C6 工况, $r\cos(\gamma)=0.8$ 截面

图 5.12　C6 工况悬移质浓度垂向单位分布图

如图 5.12 所示为 C6 工况下各时刻垂向悬移质浓度分布图,其中纵坐标 $dy$ 为距斜坡的垂向距离,横坐标为用最大值无量纲化后的结果,即图 5.12 为浓度的垂向单位分布图,虚线为原密度跃层位置,即 $y=0.75$ m。为了便于比较,此处将多个时刻的悬移质单位分布图绘制在一起,每个时刻分布平移一个单位,用 $t=25$ s 作为内孤波破碎前后的时间阈值。其中图 5.12(a)为桩柱上游指定铅垂面的悬移质展向平均结果,(b)为桩柱下游铅垂面。

通过观察图 5.12(a)可知,在桩基开始产生冲刷的初期($t=21$ s),河床底部浓度明显远高于其余位置,并且随着 $dy$ 增大而迅速耗散,在 $t=23$ s,悬移质浓度分布峰值有向上移动的趋势,其对应时刻为滑移输运阶段。虽然根据此前结果,该阶段内孤波并无向上输移悬移质的特征,但由图 5.6(d)可知,由于桩柱的作用,桩柱附近上游会产生上升水流,该水流作用和纯流条件下柱后上升水流的作用相同,向上输运悬移质。在内孤波破碎的 $t=25$ s 时刻,河床底部切应力显著下降,底部泥沙不再被起动,因此河床底部悬移质浓度失去来源而开始降低,水体中的悬移质由于内孤波漩涡输运作用而维持。在内孤波完全破碎后,漩涡输运作用减弱,停留在该截面处的悬移质部分由于沉降作用开始下沉($t=28$ s),从而形成淤积斑,部分维持在水体中继续随二次输运随内孤波分层面移动,在 $t=32$ s,悬移质浓度分布极大值已经处于下层水体中上部。

图 5.12(b)为桩柱下游侧悬移质分布随时间变化规律,在内孤波破碎前的时刻,悬移质的分布及其变化规律与上游侧类似,而在内孤波破碎后的 $t=28$ s,图(b)中的悬移质分布明显更偏向于分层面处,说明位于床面附近的大部分悬移质已经在上游沉积而无法抵达下游;另一方面,因为被卷涌而起的悬移质随分层面向下游移动,下游断面处悬移质浓度主要分布于分层面中($t=32$ s)。

相比之下,D6 工况与 C6 工况内孤波与斜坡参数完全一致,唯一的区别是两者的桩柱位置不同,因此,就整体而言,内孤波对标量的输运作用是相似的。但是,由于桩柱位置不同,导致悬移质的源项位置和产生时刻不同,从而导致桩柱前后截面的悬移质分布规律有着截然不同的规律,如图 5.13 所示。

如图 5.13 为 D6 工况两截面的悬移质浓度分布图,其截面相对桩柱的位置与图 5.12 中相同。由图 5.13(a)可知,桩柱冲刷初期,悬移质主要分布于接近床面的位置,随着时间的推移,该断面悬移质浓度分布始终位于床面附近,直到内孤波完全破碎后的 $t=28$ s 和 $t=30$ s,悬移质浓度分布才稍稍向上移动。

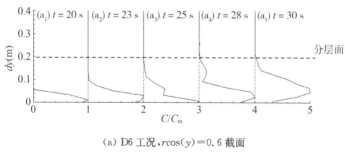

（a）D6 工况，$r\cos(y)=0.6$ 截面

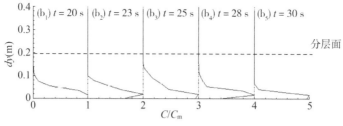

（b）D6 工况，$r\cos(\gamma)=0.8$ 截面

**图 5.13　D6 工况悬移质浓度垂向单位分布图**

该现象进一步强调了上升水流对悬移质的输运作用。由于该工况下，桩柱位于逆波向流速带尾部，进而导致桩柱阻水效应较弱，桩柱上游并未产生明显的上升水流[如图 5.6(c)所示]，因此悬移质并无明显向上输运的特性。此外，在 $t=25$ s 后内孤波开始破碎，在 D6 工况下，内孤波破碎后所形成的加速带无法产生足以使桩柱局部产生冲刷的切应力。因此结合图 5.13(a)，在 $t=25$ s 至 $t=28$ s 期间接近床面底部的悬移质将由于沉降作用回归床面，进而产生大规模的淤积，这也是图 5.5(b)中 D6 工况在内孤波破碎后淤积严重的原因之一。

D6 工况下悬移质浓度在柱后截面的分布也与 C6 工况不同，如图 5.13(b)所示。由图可知，在 $t=20$ s 和 $t=23$ s 时刻，桩柱处于冲刷期，底部泥沙不断被起动，进而近底悬移质浓度远大于水体其余位置。由分析可知，该冲刷期持续至 t=25 s，但与 C6 下游截面工况不同，在 $t=28$ s 和 $t=30$ s 时，图(b)中的分层面并无悬移质，而底部仍然存在大量悬移质，主要原因为：其一，由于桩柱位置距内孤波破碎位置较远，由内孤波破碎而产生的漩涡输运并未作用到桩柱位置附近处的悬移质，导致悬移质大部分并未被卷涌而残留于底部；其二，在内孤波破碎后的底部顺波向加速带的推动下，在冲刷初期产生的，因滑移输运作用

137

向上游输运的悬移质被回推至下游,从而导致此两时刻底部依旧存在大量悬移质。结合该时段悬移质的沉降作用,河床底部悬移质对已形成的冲刷坑造成回填,这也是图 5.5(b)中 D6 工况在内孤波破碎后淤积严重的另一原因。

# 5.5　影响桩基冲淤特性的因素

通常情况下,纯流条件下决定桩基局部冲淤特性因素有行进流速、上游水深、柱台参数、泥沙粒径和级配、柱台形状、柱台安置角度、河道形状等多个方面。在本书的分层流环境工况中,由于桩柱参数、河床泥沙条件以及水槽尺寸等参数均为定值,因此以下对其余变化参数进行分析。

## 5.5.1　内孤波波幅与斜坡坡度的影响

通过上述分析可知,桩柱局部地形变化产生于内孤波爬坡过程初期。在给定桩柱直径与泥沙参数的情况下,产生桩柱局部地形变化的直接原因是下层水体所产生的逆波向流速带。追本溯源,该流速带为内孤波爬坡过程中,下层水体在波谷与斜坡地形挤压下变薄而形成。因此,内孤波波幅、斜坡坡度为本书工况下桩柱局部地形是否形成的决定因素。该因素的决定性主要体现于波幅较小,斜坡较平的工况。例如 C1、D1 工况,内孤波爬坡过程中所形成逆波向流速带较小,即使桩柱位于接近内孤波破碎处,内孤波依旧无法对桩柱局部地形造成影响。

选取内孤波破碎前形成逆波向流速带并即将破碎的时刻,沿坡提取底部水平流速,如图 5.14 所示。其中,图 5.14 横坐标 $DL$ 的计算公式如下:

$$DL = x - L_1 \tag{5.3}$$

通过引入 $DL$ 值后可直观地表示任意位置与内孤波破碎位置之间的关系,即 $DL$ 的坐标原点为下陷内孤波破碎位置对应的 $x$ 坐标。图 5.14 纵坐标为用 $u_c$ 无量纲后的值,$u_c$ 为各工况下能够使桩柱产生冲刷的临界流速,单位值线用点划线画出。

由图可知,C1、D1 工况所得的流速沿程分布曲线均在点划线下方。因此 C1、D1 工况所设立的内孤波波幅以及斜坡参数组合下,无论桩柱位于何处,桩基局部泥沙均无法起动,所以无法产生冲刷。相对的,C5、D5 工况和 C6、D6 工

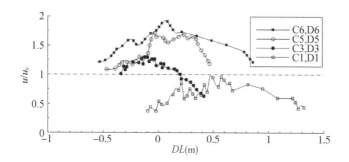

图 5.14　逆波向流速带中底部相对流速沿程分布

况下,能够使桩基局部产生冲刷的流速带分布则很广,在提取范围内并未与点划线相交,即桩柱若处于提取范围内的任意位置,其局部泥沙均会在内孤波爬坡过程中起动,进而导致冲刷。不仅如此,该曲线体现了内孤波在爬坡中所诱导流场具有明显的非均匀性,因此,桩柱位置亦成为决定桩基是否产生冲刷的重要因素。

## 5.5.2　桩柱位置的影响

由图 5.14 可知,在 C3,D3 工况下,若该时刻桩柱对应 $DL$ 值处于 $-0.4$ 至 $0.2$ 之间,则桩基局部泥沙可被起动,而若处于该范围之外,则无法起动。因此,在特定工况下,桩柱位置亦是决定桩基局部是否产生冲刷的因素之一。更进一步,参照图 5.14,定义临界值 $DL_1$ 与 $DL_2$ 为各工况曲线与单位值线(点划线)的两交点横坐标,统计各工况,并计算各工况下桩柱位置对应的 $DL$ 值(即 $L_D - L_1$),绘成图 5.15。

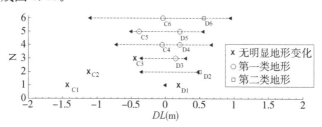

图 5.15　各工况 $DL$ 值统计结果

图 5.15 为 12 工况统计结果,图中虚线两端点即为不同内孤波波幅、斜坡坡度组合工况下临界值 $DL_1$ 与 $DL_2$,从图中可以观察各工况下桩柱设置位置、

所形成各类局部地形形态以及临界值三者关系。由图可知,图中虚线均包含原点 0,即若桩柱安置于内孤波破碎位置附近,则桩基泥沙容易起动,易造成冲刷。此外,桩基局部地形无明显变化工况对应各点均处于虚线之外,且除 D2 工况外,其余产生地形变化的工况对应各点均处于虚线内。

D2 工况的特殊性可由以下原因解释:图 5.15 所选的提取时刻是内孤波即将破碎时刻的底部流速,内孤波爬坡过程是非恒定过程,进而导致各时刻对应的 $DL_1$ 与 $DL_2$ 不同,即该图仅能用于判断在内孤波即将破碎时刻桩柱泥沙是否起动。另一方面,由于下陷内孤波本身的特性,其诱导流场在下层水体中是反向的,因此其流速带的临界值也是随时间逐渐向上游移动,反映在图 5.15 中,虚线存在左移的趋势。此外,由于该图是内孤波即将破碎时刻所提取的结果,在下一时刻内孤波破碎,逆波向流速带被破坏,图中虚线将不再存在。结合上述分析,若一工况对应点位于虚线左侧(例如 C3),或者位于离虚线较远的右侧(例如 D1),则其桩基局部泥沙必然无法起动,无法产生冲刷,离虚线较近右侧点则无法判别其局部是否产生冲刷(例如 D2)。

图 5.15 也直观地总结了产生第二类地形两工况的桩柱位置特征:(1)桩柱位置处于虚线偏右侧且相对靠近虚线端点。(2)桩柱对应 $DL$ 值在本书工况均超过了 0.5 m,即桩柱离破碎点要有一定的距离。上述条件既导致桩柱上游局部上升水流弱化,又使得内孤波破碎时的漩涡输运无法作用于悬移质,从而造成内孤波破碎后河床底部含有大量悬移质,并在随后的发展中淤积于桩柱周边。

图 5.15 还表明,虽然 D4、D5 两工况下,桩柱相对于内孤波破碎位置(即 $DL$ 值)两者相近,均在内孤波破碎点略偏下游侧,但 D5 在内孤波破碎后产生了二次冲刷,而 D4 没有,进一步说明了二次冲刷是内孤波波幅、坡度以及桩柱位置三者共同作用的结果。例如,虽然 D4、D5 工况桩柱位置相近,但 D4 工况下内孤波破碎后所产生的顺波向流速带强度低于 D5 工况;同样,虽然 C6 工况下顺波向流速带整体强度高于 D5,但由于两工况桩柱位置不同,也没有造成二次冲刷。

## 5.6　本章小结

本章建立三维分层数值水槽,研究不同波幅的下陷内孤波在变化斜坡上爬坡过程中,所产生的桩柱局部地形变化情况,总结局部地形的形态规律,并结合

桩柱局部水流特点,内孤波对标量输运特点等因素,归纳局部地形的成因,主要内容可归结如下:

(1) 桩柱局部地形的形成与发展受多种因素影响,在泥沙参数条件一定的情况下,主要由内孤波波幅、斜坡坡度以及桩柱在斜坡上的相对位置决定。内孤波波幅较小、斜坡过于平坦以及离内孤波破碎位置过远的桩柱工况下,桩柱局部地形均无法产生较大的变化。

(2) 在内孤波爬坡初期,即在内孤波未破碎前,内孤波波谷与斜坡地形之间会产生较大的逆波向流速带,进而导致桩柱局部泥沙大量起动。若桩柱被流速较大的逆波向流速带包裹,则其周围所形成的冲刷坑地形形状类似于纯流情况下圆柱桩柱初期的局部冲刷坑,即为第一类局部地形;若桩柱处于逆波向流速带下游边缘,则不同于第一类局部地形的柱肩冲刷,桩柱两侧会产生较大的冲刷,即为第二类局部地形。

(3) 在内孤波破碎后,于内孤波破碎位置的床面附近会产生一较大的顺波向流速带,该顺波流速带范围较小,且所造成的河床切应力整体小于内孤波爬坡初期。因此,内孤波破碎后,桩基局部地形无法形成大规模冲刷,甚至呈现淤积趋势。第一类局部地形下冲刷坑最终深度能维持约为破碎历程中最大深度的 90%,而第二类局部地形冲刷坑则会在内孤波破碎后产生大量淤积,最终深度在研究工况下分别仅有 75% 和 47%。此外,若恰有桩柱处于内孤波破碎位置偏下游侧,且处于顺波向流速带内局部流速较大的位置,则可能产生二次冲刷,其冲刷量与内孤波破碎前相当。

(4) 第二类局部地形在内孤波破碎后产生较大淤积的直接原因是较多悬移质残留于桩柱局部河床附近,在内孤波破碎后沉降并淤积。产生该现象的水动力因素有二:其一为桩柱上游局部上升水流较弱,且内孤波破碎时所伴随的漩涡输运作用离桩柱较远,两者均导致悬移质无法向上输运而残留于底部;其二为内孤波破碎后逐渐衰减的顺波向流速带爬坡,该流速不仅无法起动桩基局部泥沙,反而将冲刷初期原本为内孤波输移作用所运至上游的悬移质回推至桩基附近。最终,造成该现象的根本原因是桩柱离内孤波破碎位置过远。

(5) 参照内孤波破碎位置定义长度尺度 $DL$,总结各工况下由于桩柱位置不同而导致的局部地形形态不同的变化规律,并用 $DL$ 建立判别内孤波爬坡破碎过程能否产生桩基局部冲刷的标准。

# 第 6 章

## 结论与展望

# 6.1　研究成果与主要结论

本书针对内孤波对桩柱局部冲刷机理不清、数学模型匮乏等现状,研发了分层环境下包含内波－泥沙－桩柱的动床直接数值模拟模型。依托上述模型,系统研究了纯流条件下的圆柱型桩柱局部冲刷、非线性作用下内孤波对标量的输运规律以及对斜坡上桩柱局部地形作用等问题。主要研究成果如下:

(1)基于 MPI 并行技术、直接数值模拟技术,构建水流模型、泥沙模型、河床变形模型、内孤波模型,结合内波条件下泥沙起动矫正方法,建立分层环境下三维水沙数值水槽;引入动态浸没边界法求解流固耦合问题,并在此基础上进一步研发动态浸没边界法、河床调整算法(SBAM)与切割平面法(SPM),克服了动床模拟的技术难题,经明渠均匀流、明渠输沙、圆柱绕流、内波水平传播、剪切环境下的射流等算例充分验证后,最终建立了内孤波水沙三维动床模拟模型。

(2)建立直接数值模拟模型,对桩柱局部冲刷坑的形成与发展以及其桩周水流结构在时空域的演化开展了精细数值研究,利用直接数值模拟结果补全了桩柱冲刷坑深度随时间的变化规律,阐述了局部冲刷坑的形成机理。数值模拟结果表明,在水流流速接近泥沙始冲流速的工况下,起初冲刷坑形态存在一定的随机性,随着时间的推移,河床的冲淤形态渐趋稳定,冲坑规模与床面附近紊动能正相关;冲刷坑形成后,下降水流的雷诺应力是维持柱前冲刷的重要因素;柱周马蹄涡起到侵蚀冲刷坑的作用,但其横向挟沙能力不足,马蹄涡结构垂向覆盖范围随冲刷坑的发展逐渐远离底部壁面,在冲坑发展期位于最大冲刷坑的约 60% 深度处;柱后上升水流是将冲刷坑中的沙排至柱后的主要动力,在约 $r=0.9$ 处挟沙力急速下降,从而导致柱后形成淤积。冲刷坑内各点随时间发展规律的不同,将其分为主冲刷点、次冲刷点、从冲刷点、尾冲刷点四类,其中主冲刷点受水流侵蚀作用河床下降剧烈,而从冲刷点河床下降的原因是为了维持冲坑边坡而不断向深处补充泥沙,尾冲刷点则大部分呈淤积趋势。

(3)研究并获得了内孤波在爬坡破碎过程中对斜坡上标量的输运规律。从时间尺度划分内孤波对标量输运的特征阶段,可分为:滑移输运阶段、局部输运阶段、漩涡输运阶段以及二次输运阶段。滑移输运阶段发生于内孤波爬坡初期,斜坡上的标量输运沿坡方向分布较为均匀;漩涡输运阶段伴随着内孤波的破碎,是将斜坡上标量输运至上部水体的主要动力;二次输运阶段产生于内孤波破碎后,其对标量的输运方向与滑移输运阶段相反。滑移输运阶段结束的无量纲时间以及二次输运阶段开始的无量纲时间保持为定值,分别为 1.26 和 4,与斜坡坡度无关。从空间尺度划分内孤波对标量的输运可分为两部分:其一为密度跃层处内孤波主体对标量的输运;其二是内孤波诱导的底部边界层对标量的输运。密度跃层挟带标量能力强,传播空间尺度大,而底部边界层对标量输运能力弱,空间尺度小。

(4) 研究了下陷内孤波爬坡破碎过程对桩基周围局部地形的影响,并揭示局部地形演化的机理。内孤波爬坡初期,内孤波波谷与斜坡之间形成较大的逆波向流速带,该流速带是造成桩基附近泥沙起动的主要因素,并最终导致桩柱产生冲刷;在内孤波破碎后,于内孤波破碎位置附近的床面底部会产生一顺波向流速带,该流速带大小与规模均不如逆波向流速带,但在特定桩柱位置、内孤波波幅和斜坡坡度组合下仍能造成泥沙起动,从而产生二次冲刷。局部冲刷地形根据形态与发展规律不同,可分为两类:第一类局部地形的冲刷坑形态类似于纯流下初期的桩柱局部冲刷坑,冲刷坑最大深度位于柱肩,但由于内孤波破碎过程的非恒定性,其最终冲刷坑深度为期间最大冲刷坑深度的 90%;第二类局部地形冲刷始于柱两侧,且其最终冲刷坑深度不到期间最大冲刷坑深度的 75%,其主要原因是原先被起动的悬移质聚集在河床底部并最终沉降,该类冲刷坑多存在于桩柱处于内孤波破碎点较远的下游的工况中。利用 $DL$ 值(桩柱相对于内孤波破碎位置的距离)建立判别内孤波爬坡破碎过程能否产生桩基局部冲刷的标准,若桩柱 $DL$ 值处于临界 $DL$ 值构成的区间左侧,则不会产生局部冲刷。

## 6.2  创新性成果

(1) 基于泥沙起动和输移理论,采用泥沙输移的欧拉模型,并结合动态浸没边界法,建立了包含内波、泥沙、桩基冲淤的三维动床直接数值模拟模型。可用于实现静态网格下非恒定床面边界的动态模拟过程。

(2) 提出了具有质量守恒性和临界坡保护性的河床调整算法(SBAM)和

切割平面法(SPM)。避免了传统数值方法引发的床面过度侵蚀和矩形离散导致的床面局部失真问题,保证了数值计算的稳定性,提高了动床直接数学模拟模型的精度。

(3) 通过对内孤波标量输运规律和桩柱周围水流结构的分析,揭示了斜坡地形上内孤波诱导的桩基局部冲刷坑演化机理。内孤波破碎前的逆波向流速带导致桩基局部泥沙大量起动,而内孤波破碎后桩基整体呈淤积趋势。

# 6.3　展望

虽然本书的直接数值模拟方法实现了纯流环境下圆型桩柱局部冲刷的精细数值模拟,能够实时捕捉冲刷坑形态,但由于受到计算资源的限制,该模拟仅局限为实验室尺度,如何将该方法应用于长历时、大尺度的桩柱局部冲刷研究中仍需要进一步研究。

内孤波爬坡破碎过程具有较强的非恒定性和非均匀性,本书虽然从水流结构以及标量输运的角度阐释了内孤波对斜坡上桩基局部的造床作用,如何从复杂的三维内孤波破碎中提取指标建立其与冲刷坑大小的量化关系有待进一步研究。

深海中的内孤波尺度大,强度高,也是海底底部沙波输运的重要动力之一,具有重要的研究价值。本书所提的数值模拟技术可进一步推广应用于深海内孤波对海床沙波的输运研究。

# 参考文献

［1］齐梅兰，李金钊，邻艳荣. 波流作用的近岸圆柱局部床面侵蚀［J］. 水利学报，2015，46(7):783-791.

［2］徐肇廷，贾村，陈旭,等. 两层分层流体中初始内孤立波分裂的数值研究［J］. 中国海洋大学学报(自然科学版)，2006，36(3):345-348.

［3］张哲恩，陈学恩. 南海北部内孤立波非线性陡斜的数值研究［J］. 中国海洋大学学报(自然科学版)，2017，(11):1-8.

［4］李水娟，余真真，罗龙洪,等. 三维数值波浪水槽内孤立波特性分析［J］. 水电能源科学，2012，(7):96-99.

［5］徐宋昀，许惠平，耿明会,等. 南海东沙海域内孤立波形态研究［J］. 海洋学研究，2016，34(4):1-9.

［6］龚延昆，陈学恩. 南海北部内孤立波绕东沙岛传播特性的数值研究［J］. 中国海洋大学学报(自然科学版)，2016，46(12):1-8.

［7］Helfrich K R. Internal solitary wave breaking and run-up on a uniform slope［J］. Journal of Fluid Mechanics，2006，243(243):133-154.

［8］Chen C Y, Hsu J, Chen H H, et al. Laboratory observations on internal solitary wave evolution on steep and inverse uniform slopes［J］. Ocean Engineering，2007，34(1):157-170.

［9］黄文昊，尤云祥，石强,等. 半潜平台内孤立波载荷实验及其理论模型研究［J］. 水动力学研究与进展:A辑，2013，28(6):644-657.

［10］刘碧涛，李巍，尤云祥,等. 内孤立波与深海立管相互作用数值模拟［J］. 海洋工程，2011，29(4):1-7.

［11］周小龙. 内孤立波与深海半潜式平台及立管相互作用数值模拟研究［D］. 上海交通大学，2010.

［12］于博，黄晓冬，董济海,等. 南海陆坡区约束流核型内孤立波观测研究［J］. 中国海洋大学学报(自然科学版)，2016，46(3):1-7.

［13］ 詹磊，董耀华，惠晓晓. 桥墩局部冲刷研究综述［J］. 水利电力科技，
2007(3):1-13.

［14］ 张胡，陈述. 京沪高速铁路南京大胜关长江大桥桥柱局部冲刷及岸坡防
护研究［J］. 桥梁建设，2006,(s2):75-79.

［15］ 田壮才，郭秀军，乔路正,等. 南海北部海底沉积物临界起动流速空间分
布特征分析［J］. 岩石力学与工程学报，2016,(a02):4287-4294.

［16］ 张莉. 深海立管内孤立波作用的动力特性及动力响应研究［D］. 中国海
洋大学，2013.

［17］ Helfrich K R, Melville W K. Long nonlinear internal waves［J］. Annual
Review of Fluid Mechanics, 2006, 38(38):págs. 395-425.

［18］ Perry R B, Schimke G R. Large－amplitude internal waves observed off
the northwest coast of Sumatra［J］. Journal of Geophysical Research,
1965, 70(10):2319-2324.

［19］ Osborne A R, Burch T L. Internal solitons in the Andaman Sea［J］.
Science, 1980, 208(4443):451-460.

［20］ Ziegenbein J. Short internal waves in the Strait of Gibraltar［J］. Deep-
Sea Research and Oceanographic Abstracts, 1969, 16(5):479-482.

［21］ Halpern D. Observation on short period internal waves in Massachu-
setts Bay［J］. J. mar. res, 1969, 29.

［22］ Haury L R, Briscoe M G, Orr M H. Tidally generated internal wave
packets in Massachusetts Bay［J］. Nature, 1979, 278(5702):312-317.

［23］ Thorpe S A. Asymmetry of the internal seiche in Loch Ness［J］. Na-
ture, 1971, 231(5301):306-308.

［24］ Hunkins K, Fliegel M. Internal undular surges in Seneca Lake: A natu-
ral occurrence of solitons［J］. Journal of Geophysical Research, 1973,
78(3):539-548.

［25］ Ziegenbein J. Spatial observations of short internal waves in the Strait
of Gibraltar［J］. Deep-Sea Research and Oceanographic Abstracts,
1970, 17(5):867-875.

［26］ Apel J R, Byrne H M, Proni J R, et al. Observations of oceanic internal and surface waves from the earth resources technology satellite[J]. Journal of Geophysical Research, 1975, 80(6):865-881.

[27] Fu L L, Holt B. Seasat views oceans and sea ice with synthetic aperture radar[M]. National Aeronautics and Space Administration, 1982.

[28] Stanton T P, Ostrovsky L A. Observations of highly nonlinear internal solitons over the continental shelf[J]. Geophysical Research Letters, 1998, bf 25(14):2695-2698.

[29] Duda T F, Lynch J F, Irish J D, et al. Internal tide and nonlinear internal wave behavior at the continental slope in the northern south China Sea[J]. IEEE Journal of Oceanic Engineering, 2005, 29(4): 1105 - 1130.

[30] Benjamin, Brooke T. Internal waves of permanent form in fluids of great depth[J]. Journal of Fluid Mechanics, 1967, 29(3):559-592.

[31] Yang T S, Akylas T R. Radiating solitary waves of a model evolution equation in fluids of finite depth[J]. Physica D Nonlinear Phenomena, 1995, 82(4):418-425.

[32] Ono H. Algebraic solitary waves in Stratified Fluids[J]. Journal of the Physical Society of Japan, 1975, 39(39):1082-1091.

[33] Kubota D R S K T, Dobbs L D. Weakly-nonlinear,long internal gravity waves in stratified fluids of finite depth[J]. Journal of Hydronautics, 1978, 12(4):157-165.

[34] Lee C Y, Beardsley R C. The generation of long nonlinear internal waves in a weakly stratified shear flow[J]. Journal of Geophysical Research, 1974, 79(3):453-462.

[35] Djordjevic V D. The fission and disintegration of internal solitary waves moving over two-dimensional topography[J]. Journal of Plysical Oceanography, 1978, 8(6):1016-1024.

[36] Kakutani T, Yamasaki N. Solitary waves on a two-layer fluid[J]. Journal of the Physical Society of Japan, 2007, 45(2):674-679.

[37] Miles J W. Korteweg-de Vries equation modified by viscosity[J]. The

physics of Fluids, 1976, 19(7):1063-1063.

[38] Grimshaw R. Internal solitary waves[J]. Studies in Applied Mathematics, 1992, 86(2):167-184.

[39] Grimshaw R, Pelinovsky E, Talipova T, et al. Simulation of the transformation of internal solitary waves on oceanic shelves[J]. Journal of Physical Oceanography, 2004, 34(12):600-606.

[40] Lamb K G, Yan L. The evolution of internal wave undular bores: comparisons of a fully nonlinear numerical model with weakly nonlinear theory[J]. Journal of Physical Oceanography, 1996, 26(12):2712-2734.

[41] Grimshaw R, Pelinovsky E, Poloukhina O. Higher-order Korteweg-de Vries models for internal solitary waves in a stratified shear flow with a free surface[J]. Nonlinear Processes in Geophysics, 2002, 9(3/4):221-235.

[42] Holloway P E, Pelinovsky E, Talipova T, et al. A nonlinear model of internal tide transformation on the Australian North West Shelf[J]. Journal of Physical Oceanography, 1997, 27(6):871-896.

[43] Miyata M. An internal solitary wave of large amplitude[J]. La mer, 1985,23:43-48

[44] Choi W, Camassa R. Fully nonlinear internal waves in a two-fluid system[J]. Journal of Fluid Mechanics, 1996, 396(396):1-36.

[45] Michallet H, Barthelemy E. Experimental study of interfacial solitary waves[J]. Journal of Fluid Mechanics, 1998, 366(366):159-177.

[46] Ostrovsky L A, Grue J. Evolution equations for strongly nonlinear internal waves[J]. Physics of Fluids, 2003, 15(10):2934-2948.

[47] Jo T C, Choi W. Dynamics of strongly nonlinear internal solitary waves in shallow water[J]. Studies in Applied Mathematics, 2010, 109(3):205-227.

[48] Funakoshi M, Oikawa M. Long internal waves of large amplitude in a two-layer fluid[J]. Journal of the Physical Society of Japan, 1986, 55(1):128-144.

[49] Pullin D I, Grimshaw R H J. Finite-amplitude solitary waves at the interface between two homogeneous fluids[J]. Physics of Fluids, 1988, 31 (12):3550-3559.

[50] Turner R E L, Vanden-Broeck-J . Broadening of interfacial solitary waves[J]. Physics of Fluids, 1988, 31(9):2486-2490.

[51] Evans W A B, Ford M J. An integral equation approach to internal (2-layer) solitary waves[J]. Physics of Fluids, 1996, 8(8):2032-2047.

[52] Long R R. Some aspects of the flow of stratified fluids[J]. Tellus, 1953, 5(1):42-58.

[53] Benjamin T B. Internal waves of permanent form in fluids of great depth [J]. Journal of Fluid Mechanics, 1967, 29(3):559-592.

[54] Milewski P A, Vanden-Broeck J M, Wang Z. Hydroelastic solitary waves in deep water[J]. Journal of Fluid Mechanics, 2011, 679(4):628-640.

[55] Tung K K, Chan T F, Kubota T. Large amplitude internal waves of permanent form[J]. Studies in Applied Mathematics, 1982, 66(1): 1-44.

[56] Turkington B, Eydeland A, Wang S. A computational method for solitary internal waves in a continuously stratified fluid[J]. Studies in Applied Mathematics, 1991, 85(2):93-127.

[57] Brown D J, Christie D R. Fully nonlinear solitary waves in continuously stratified incompressible Boussinesq fluids[J]. Physics of Fluids, 1998, 10(10):2569-2586.

[58] Lamb K G. A numerical investigation of solitary internal waves with trapped cores formed via shoaling[J]. Journal of Fluid Mechanics, 2002, 451(451):109-144.

[59] Fructus D, Grue J. Fully nonlinear solitary waves in a layered stratified fluid[J]. Journal of Fluid Mechanics, 2004, 505(505):323-347.

[60] Lamb K G. On boundary-layer separation and internal wave generation at the Knight Inlet sill[J]. Proceedings Mathematical Physical & Engineering Sciences, 2004, 460(2048):2305-2337.

[61] Koop C G, Butler G. An investigation of internal solitary waves in a two-fluid system[J]. Journal of Fluid Mechanics, 1981, 112(112):225-251.

[62] Grue J, Jensen A, Rusas P O, et al. Properties of large-amplitude internal waves[J]. Journal of Fluid Mechanics, 2000, 380(380):257-278.

[63] Segur H. Soliton models of long internal waves[J]. Journal of Fluid Mechanics, 2006, 118(118):285-304.

[64] Maxworthy T. On the formation of nonlinear internal waves from the gravitational collapse of mixed regions in two and three dimensions[J]. Journal of Fluid Mechanics, 1980, 96(1):47-64.

[65] Stamp A P, Jacka M. Deep-water internal solitary waves[J]. Journal of Fluid Mechanics, 1995, 305(12):347-371.

[66] Grue J, Jensen A, Rusas P O, et al. Breaking and broadeningof internal solitary waves[J]. Journal of Fluid Mechanics, 2000, 413(413):181-217.

[67] Maxworthy T. A note on the internal solitary waves produced by tidal flow over a three-dimensional ridge[J]. Journal of Geophysical Research Oceans, 1979, 84(C1):338-346.

[68] Grimshaw R H J, Smyth N. Resonant flow of a stratified fluid over topography[J]. Journal of Fluid Mechanics, 2006, 169(169):429-464.

[69] Melville W K, Helfrich K R. Transcritical two-layer flow over topography[J]. Journal of Fluid Mechanics, 2006, 178(178):31-52.

[70] Friis H A, Grue J, Palm E, et al. A method for computing unsteady fully nonlinear interfacial waves[J]. Journal of Fluid Mechanics, 2000, 351(351):223-252.

[71] Farmer D, Armi L. The generation and trapping of solitary waves over topography[J]. Science, 1999, 283(5399):188-190.

[72] Stastna M, Peltier W R. Upstream-propagating solitary waves and forced internal-wave breaking in stratified flow over a sill[J]. Proceed-

ings Mathematical Physical & Engineering Sciences, 2004, 460(2051):
3159-3190.

[73] Grimshaw R, Yi Z. Resonant generation of finite-amplitude waves by
the flow of a uniformly stratified fluid over topography[J]. Journal of
Fluid Mechanics, 2006, 229(-1):603-628.

[74] Hammack J L. Modelling criteria for long water waves[J]. Journal of
Fluid Mechanics, 1978, 84(2):359-373.

[75] Miles J W. Solitary Waves[J]. Annual Review of Fluid Mechanics,
1980, 12(12):11-43.

[76] Helfrich K R. On long nonlinear internal waves over bottom topography
[J]. Massachusetts Institute of Technology, 1984.

[77] Knickerbocker C J, Newell A C. Internal solitary waves near a turning
point[J]. Physics Letters A, 1980, 75(5):326-330.

[78] Long R R. Solitary waves in one- and two-fluid systems[J]. Tellus,
1956, 8(4):460-471.

[79] Kakutani T, Matsuuchi K. Effect of viscosity of long gravity waves.
[J]. Journal of the Physical Society of Japan, 1975(1):237-246.

[80] Vlasenko V I. Generation of second mode solitary waves by the interac-
tion of a first mode soliton with a sill[J]. Nonlinear Processes in Geo-
physics, 2001, 8(4/5):223-239.

[81] Aktosun T. Solitons and inverse scattering transform[J]. Mathematical
Studies in Nonlinear Wave Propagation, 1981:47-62.

[82] Klymak J M, Moum J N. Internal solitary waves of elevation advancing
on a shoaling shelf[J]. Geophysical Research Letters, 2003, 30(20):
315-331.

[83] Ostrovsky L A. Nonlinear internal waves in a rotating ocean[J]. Oce-
anology, 1978, 18(2):181-191.

[84] Porubov A V, Lavrenov I V, Shevchenko D V. Two-dimensional long
wave nonlinear models for the rogue waves in the ocean[C]// Day on
Diffraction, 2003. Proceedings. International Seminar. IEEE, 2003:

183-192.

[85] Leonov A I. On a class of constitutive equations for viscoelastic liquids [J]. Journal of Non-Newtonian Fluid Mechanics, 1987, 25(1):1-59.

[86] Helfrich K R, Melville W K. On long nonlinear internal waves over slope-shelf topography [J]. Journal of Fluid Mechanics, 1986, 167 (167):285-308.

[87] Rockliff N. Long nonlinear waves in stratified shear flows[J]. Geophysical Fluid Dynamics, 1980, 28(1):55-75.

[88] Pereira N R, Redekopp L G. Radiation damping of long, finite-amplitude internal waves[J]. 1980, 23(11):2182-2183.

[89] Bogucki D, Garrett C. A simple model for the shear-induced decay of an internal solitary wave[J]. Journal of Physical Oceanography, 2010, 23 (8):1767-1776.

[90] Moum J N, Farmer D M, Smyth W D, er al. Structure and generation of turbulence at interfaces strained by internal solitary waves propagating shoreward over continental shelf[J]. Journal of Physical Oceanography, 33:2093-2112.

[91] Whitham G B. Linear and nonlinear waves[M]. New York: Wiley, 1974.

[92] Smyth N F, Holloway P E. Hydraulic jump and undular bore formation on a shelf break[J]. J. phys. oceanogr, 2010, 18(7):947-962.

[93] Wallace B C, Wilkinson D L. Run-up of internal waves on a gentle slope in a two-layered system[J]. Journal of Fluid Mechanics, 1988, 191 (191):419-442.

[94] Helfrich K R. Internal solitary wave breaking and run-up on a uniform slope[J]. Journal of Fluid Mechanics, 2006, 243(243):133-154.

[95] Michallet H, Ivey G N. Experiments on mixing due to internal solitary waves breaking on uniform slopes[J]. Journal of Geophysical Research Oceans, 1999, 104(C6):13467-13477.

[96] Lamb K G. Shoaling solitary internal waves: on a criterion for the formation of waves with trapped cores[J]. Journal of Fluid Mechanics,

2003，478(478):81-100.

[97] Richardson E V, Harrison L J, Richardson J R, et al. EVALUATING SCOUR AT BRIDGES. SECOND EDITION [J]. Highway Bridges, 1993.

[98] Torres B, Katherine. bay bridge contractor failed to report injuries[J]. Occupational Hazards, 2004(July).

[99] Kandasamy J K, Melville B W. Maximum local scour depth at bridge piers and abutments[J]. Journal of Hydraulic Research, 1998, 36(2): 183-198.

[100] Macky G H. Survery of roading expenditure due to scour[D]. Department of scientific and industrial research, Hydrology Centre, Christchurch, New Zealand.

[101] Hjorth P. Studies of the nature of local scour[D]. Department of Water Resources Engineering, University of Lund, Sweden.

[102] Melville B W. Local scour at bridge site[J]. School of Engrg. rep. university of Auckland New Zealand, 1975.

[103] Dey S, Bose S K, Sastry G L N. Clear water scour at circular piers: a model[J]. Journal of Hydraulic Engineering, 1995, 121(12):869-876.

[104] Graf W H, Istiarto I. Flow pattern in the scour hole around a cylinder [J]. Journal of Hydraulic Research, 2002, 40(1):13-20.

[105] Rajaratnam N, Nwachukwu B A. Flow Near Groin - Like Structures [J]. Journal of Hydraulic Engineering, 1983, 21(3):463-480.

[106] Kwan T F. Study of abutment scour[J]. Calculation, 1984.

[107] An R T F K, Melville B W. Local scour and flow measurements at bridge abutments[J]. Journal of Hydraulic Research, 1994, 32(5): 661-673.

[108] Molinas A, Kheireldin K, Wu B. Shear Stress around Vertical Wall Abutments[J]. Journal of Hydraulic Engineering, 1998, 124(8):822-830.

[109] Biglari B, Sturm T W. Numerical Modeling of Flow around Bridge Abutments in Compound Channel[J]. Journal of Hydraulic Engineering, 1998, 124(2):156-164.

[110] Ahmed F, Rajaratnam N. Observations on flow around bridge abutment[J]. Journal of Engineering Mechanics, 2000, 126(1):51-59.

[111] Barbhuiya A K, Dey S. Clear water scour at abutments[J]. Water Management, 2004, 157(2):77-97.

[112] Garde R J. Study of scour around spur-dikes[J]. J. hydr. div. asce, 1961, 87.

[113] Sturm T W, Janjua N S. Clear Water Scour around Abutments in Floodplains[J]. Journal of Hydraulic Engineering, 1994, 120(8):956-972.

[114] Lim S Y. Equilibrium clear water scour around an abutment[J]. Journal of Hydraulic Engineering, 1997, 123(3):237-243.

[115] Zaghloul N A. A stable numerical model for local scour[J]. Journal of Hydraulic Research, 1975, 13(4):425-444.

[116] Zaghloul N A. Local scour around spur-dikes[J]. Journal of Hydrology, 1983, 60(1):123-140.

[117] Shri E, CHAURASIA, Pande, et al. LOCAL SCOUR AROUND BRIDGE ABUTMENTS[J]. 国际泥沙研究(英文版), 2002, 17(1):48-74.

[118] Kandasamy J K. ABUTMENT SCOUR[J]. University of Auckland School of Engineering Report, 1989.

[119] Laursen E M. Scour at bridge crossings[J]. Journal of the Hydraulics Division, 1958.

[120] Laursen E M. An analysis of relief bridge scour[J]. Proc Asce, 1963, 89.

[121] Gill M A. Erosion of sand beds around spur dikes[J]. J. hydr. div. asce, 1972, 98:1265-1267.

[122] Kandasamy J K. Local scour at skewed abutments[J]. Embankments, 1985.

[123] Chiew Y M. Mechanics of riprap failure at bridge piers[J]. Journal of Hydraulic Engineering, 1997, 121(9):635-643.

[124] Chiew Y M, Melville B W. Local scour at bridge piers with non-uniform sediments[J]. Publication of Telford Limited, 1989, 87(2):215-224.

[125] Melville B W. Local Scour at Bridge Abutments[J]. Journal of Hydraulic Engineering, 1992, 118(4):615-631.

[126] Laursen E M. Observations on the nature of scour. Proceedings of 5th Hydrauric Conference. state University of Iowa [J]. Bulletin, 1952, 34.

[127] Tet C B. Local scour at bridge abutments[D]. School of Engineering, University of Auckland, New Zealand, 1984.

[128] Barbhuiya A K, Dey S. Clear water scour at abutments[J]. Water Management, 2004, 157(2):77-97.

[129] Neill C R. Guide to bridge hydraulics[J]. Roads and Transportation Association of Canada. Project Committee on Bridge Hydraulics, Bridges, 1973.

[130] Mcgovern D J, Ilic S, Folkard A M, et al. Evolution of local scour around a collared monopile through tidal cycles[J]. Coastal Engineering Proceedings, 2012, 1(33).

[131] Liu H K, Chang F M. Effect of bridge constriction on scour and backwater[J]. CER 60 HKL 22, Colorado State University, Civil Engineering Section.

[132] Cardoso A H, Bettess R. Effects of time and channel geometry on scour at bridge abutments [J]. Journal of Hydraulic Engineering, 1999, 125(4):388-399.

[133] Ahmad M. Experiments on design and behavior of spur dikes[C]// Minnesota International Hydraulic Convention. ASCE, 2015: 145-159.

[134] Blench. Regime behaviour of canals and rivers[M]. Butterworths Sci-

entific Publications, 1957.

[135] Laursen E. Scour around bridge piers and abutments[J]. Iowa Highway Res Bord, 1956, 4.

[136] Dey S, Barbhuiya A K. Clear water scour at abutments in thinly armored beds[J]. Journal of Hydraulic Engineering, 2004, 130(7):622-634.

[137] Melville B W. Bridge abutment scour in compound channels[J]. Journal of Hydraulic Engineering, 1995, 121(12):863-868.

[138] Melville B W. Pier and abutment scour: integrated approach[J]. Journal of Hydraulic Engineering, 1997, 23(2):125-136.

[139] Mazumder M H, Barbhuiya A K. Live-bed scour experiments with 45° wing-wall abutments[J]. Sadhana, 2014, 39(5):1165-1183.

[140] Everett V. Richardson, Jerry R. Richardson. Discussion and Closure: "Pier and Abutment Scour: Integrated Approach"[J]. Journal of Hydraulic Engineering, 1998, 124(7):771-772.

[141] Breusers H N C. Conformity and Time Scale in Two-Dimensional Local Scour[J], 1967, 12th cong. IAHR 3:275-282.

[142] Shields A, Ott W P, Uchelen J C V. Application of similarity principles and turbulence research to bed-load movement[J]. California Institute of Technology, 1936.

[143] Meyer-Perter E. Formulas for bed-load transport[J]. Proc of Congress Iahr, 1948.

[144] Mantz P A. Incipient transport of fine grains and flakes by fluids — extended shields diagram[J]. Journal of the Hydraulics Division, 1977, 103:601-615.

[145] Bettess R. Initiation of sediment transport in gravel streams[J]. Proceedings of the Institution of Civil Engineers, 1984, 77(1):79-88.

[146] Thorne C R, Bathurst J C, Hey R D. Sediment transport in gravel-bed rivers [M]. New York: Wiley, 1987:453-496.

[147] Recking A. Theoretical development on the effects of changing flow

hydraulics on incipient bed load motion[J]. Water Resources Research, 2009, 45(4):1211-1236.

[148] Buffington J M, Montgomery D R. A systematic analysis of eight decades of incipient motion studies, with special reference to gravel-bedded rivers[J]. Water Resources Research, 1997, 33(8):1993-2029.

[149] Brownlie W R. Compilation of alluvial channel data[J]. Journal of Hydraulic Engineering, 1985, 111(7):1115-1119.

[150] Brownlie W R. Prediction of flow depth and sediment discharge in open channels[J]. 1981.

[151] Paintal A S. Concept of critical shear stress in loose boundary open channels[J]. Journal of Hydraulic Research, 1971, 9(1):91-113.

[152] Einstein H A, Pólya G. Der Geschiebetrieb als Wahrscheinlichkeitsproblem. Zur Kinematik der Geschiebebewegung[J]. Zürich, 1936.

[153] Einstein H A. The bed-load function for sediment transportation in open channel flows[J]. Technical Bulletin, 1950, 1026.

[154] Einstein H A, El-Samni E S A. Hydrodynamic forces on a rough wall [J]. Rev. mod. phys, 1949, 21(3):520-524.

[155] Gessler J. Der Geschiebetriebbeginn bei Mischungen untersucht an natürlichen Abpflästerungserscheinungen in Kanälen[J]. Zürich, 1965.

[156] Gunter A. Die kritische mittlere Sohlschubspannung bei Geschiebemischungen unter Berücksichtigung der Deckschichtbildung und der turbulenzbedingten Sohlenschubspannungsschwankung[J]. 1971, VAW Mitteilung 3, Vischer, D. Zurich.

[157] Laursen E M, Papanicolaou A N, Cheng N S, et al. pickup Probability for sediment entrainment[J]. Journal of Hydraulic Engineering, 2012, 125(7):789-789.

[158] Laursen E M, Papanicolaou A N, Cheng N S, et al. Discussions and closure: pickup probability for sediment entrainment[J]. Journal of Hydraulic Engineering, 1999:786-789.

[159] Jain S C. Note on lag in bedload discharge[J]. Journal of Hydraulic

Engineering, 1992, 118(6):904-917.

[160] Wu F C, Lin Y C. Pickup probability of sediment under log-normal velocity distribution[J]. Journal of Hydraulic Engineering, 2002, 128 (4):438-442.

[161] Wu F C, Chou Y J. Rolling and lifting probabilities for sediment entrainment[J]. Journal of Hydraulic Engineering, 2003, 129(2):110-119.

[162] Mcewan I, Heald J. Discrete particle modeling of entrainment from flat uniformly sized sediment beds[J]. Journal of Hydraulic Engineering, 2001, 129(1):588-597.

[163] Cheng N S. Analysis of bedload transport in laminar flows[J]. Advances in Water Resources, 2004, 27(9):937-942.

[164] Yang K H, Wu F C. Entrainment probabilities of mixed-Size sediment incorporating near-bed coherent flow structures[J]. Journal of Hydraulic Engineering, 2004, 130(12):1187-1197.

[165] Hofland B, Battjes J A. Probability density function of instantaneous drag forces and shear stresses on a bed[J]. Journal of Hydraulic Engineering, 2006, 132(11):1169-1175.

[166] 唐存本. 黄河北干流航道整治线宽度的确定[J]. 泥沙研究, 1990, 000 (001):40-46.

[167] 张瑞瑾. 关于河道挟沙水流比尺模型相似律问题[J]. 武汉大学学报(工学版),1980(3):4-19.

[168] 窦国仁. 全沙模型相似律及设计实例[J]. 水利水运科技情报, 1977 (03):3-22.

[169] 沙玉清. 泥沙运动学引论[M]. 北京:中国工业出版社, 1965.

[170] Vetsch D F. Numerical simulation of sediment transport with meshfree methods[J]. Südwestdeutscher Verlag Für Hochschulschriften, 2011, 22(5):224-225.

[171] Bagnold R A. The movement of desert Sand[J]. Geographical Journal, 1935, 85(4):342-365.

[172] du Boys, P. Study of flow regime of the Rhone and water force exerted on a gravel bed of infinite depth[J]. Annales des Ponts et Chaussees, 1879, 5(19):141-195.

[173] Ettema R, Mutel C F. Hans Albert Einstein: Innovation and compromise in formulating sediment transport by rivers[J]. Journal of Hydraulic Engineering, 2004, 130(6):477-487.

[174] Yang S Q. Prediction of total bed material discharge[J]. Journal of Hydraulic Research, 2005, 43(1):12-22.

[175] Habersack H M, Laronne J B. Evaluation and improvement of bed load discharge formulas based on Helley-Smith Sampling in an alpine gravel bed river[J]. Journal of Hydraulic Engineering, 2002, 128(5): 484-499.

[176] Barry J J, Buffington J M, King J G. A general power equation for predicting bed load transport rates in gravel bed rivers[J]. Water Resources Research, 2004, 40(10):2709-2710.

[177] Graf W H. Hydraulics of sediment transport[J]. 1971(12):230-233.

[178] 龚政,郭蕴哲,杭俊成,等.沿海城市溃堤洪水模拟技术研究进展[J].水利水电科技进展,2020,40(3):78-85.

[179] Meyer-Peter E, Favre H. Neuere Versuchsresultate über den Geschiebetrieb[J]. Schweizer Bauzeitung, 103(13).

[180] Turowski J. SNF Projekt: Sedimenttransport in steilen Gerinnen [J]. 2013.

[181] Rickenmann D. Hyperconcentrated flow and sediment transport at steep slopes[J]. Journal of Hydraulic Engineering, 1991, 117(11): 1419-1439.

[182] Wong M, Parker G. Reanalysis and correction of bed-load relation of Meyer-Peter and Müller using their own database[J]. Journal of Hydraulic Engineering, 2006, 132(11):1159-1168.

[183] Ahilan R V. Flow of cohesionless grains in oscillatory fluids[J]. University of Cambridge, 1985.

[184] Camenen B, Larson M. A general formula for non-cohesive bed load sediment transport[J]. Estuarine Coastal & Shelf Science, 2005, 63 (1):249-260.

[185] Hunziker R P, Jaeggi M N R. Grain Sorting Processes[J]. Journal of Hydraulic Engineering, 2002, 128(12):1060-1068.

[186] Egiazaroff I V. Calculation of nonuniform sediment concentrations[J]. Journal of Hydraulic Division, 1965, 91.

[187] Ashida K. An investigation of river bed degradation downstream of a dam[C]// Proc. of, Iahr Congress, Int. Association for Hydraulic Research, Paris. 1971.

[188] Hunziker R P. Fraktionsweiser Geschiebetransport[J]. Zürich, 1995.

[189] Parker G. Surface-based bedload transport relation for gravel rivers [J]. Journal of Hydraulic Research, 1990, 28(4):417-436.

[190] Wu W, Rodi W, Wenka T. 3D numerical modeling of flow and sediment transport in open channels[J]. Journal of Hydraulic Engineering, 2000, 126(1):4-15.

[191] Wilcock P R, Crowe J C. Surface-based transport model for mixed-Size sediment[J]. Journal of Hydraulic Engineering, 2003, 129(2):120-128.

[192] Sun Z, Donahue J. Statistically derived bedload formula for any fraction of heterogeneous sediment[J]. Journal of Hydraulic Engineering, 2000, 126(2):105-111.

[193] Rijn L C V. Sediment Transport, Part II: Suspended Load Transport [J]. Journal of Hydraulic Engineering, 1984, 110(110):1613-1641.

[194] Bell R G, Sutherland A J. Nonequilibrium Bedload Transport by Steady Flows[J]. Journal of Hydraulic Engineering, 1983, 109(3): 351-367.

[195] Rijn L C V. Mathematical modelling of morphological processes in the case of suspended sediment transport[J]. Civil Engineering & Geosciences, 1987.

[196] Phillips B C, Sutherland A J. Spatial lag effects in bed load sediment transport[J]. Journal of Hydraulic Research, 1989, 27(1):115-133.

[197] Duc B M, Rodi W. Numerical simulation of contraction scour in an open laboratory channel[J]. Journal of Hydraulic Engineering, 2008, 134(4):367-377.

[198] Bui M D, Rutschmann P. Numerical modelling of non-equilibrium graded sediment transport in a curved open channel. [J]. Computers & Geosciences, 2010, 36(6):792-800.

[199] Thomas T G, Williams J J R. Turbulent simulation of open channel flow at low Reynolds number[J]. International Journal of Heat and Mass Transfer, 1995, 38(2):259-266.

[200] Ji C, Munjiza A, Williams J J R. A novel iterative direct-forcing immersed boundary method and its finite volume applications[J]. Journal of Computational Physics, 2012, 231(4):1797-1821.

[201] Zhu H, Wang L L, Avital E J, et al. Numerical simulation of shoaling broad-crested internal solitary waves[J]. Journal of Hydraulic Engineering, 2017, 143(6):04017006.

[202] Ament M, Günter Knittel, Weiskopf D, et al. A Parallel Preconditioned Conjugate Gradient Solver for the Poisson Problem on a Multi-GPU Platform[C]// Proceedings of the 18th Euromicro Conference on Parallel, Distributed and Network-based Processing, PDP 2010, Pisa, Italy, February 17-19, 2010. IEEE Computer Society, 2010.

[203] Peskin C S. The immersed boundary method[J]. Acta Numerica, 2002, 11.

[204] Rijn V, Leo C. Sediment Transport, Part I: Bed Load Transport[J]. Journal of Hydraulic Engineering, 1984, 110(10):1431-1456.

[205] 方红卫等. One-dimensional numerical simulation of non-uniform sediment transport under unsteady flows[J]. 国际泥沙研究:英文版, 2008, 23(4):316-328.

[206] Rijn L C V. Sediment Pick-Up Functions[J]. Journal of Hydraulic En-

gineering，1984，110(10):1494-1502.

[207] 徐十锋,陈界仁. 新干枢纽下游河床冲淤及航道条件变化计算[J]. 水运工程，2015,(7):124-128.

[208] Khosronejad A，Kang S，Borazjani I，et al. Curvilinear immersed boundary method for simulating coupled flow and bed morphodynamic interactions due to sediment transport phenomena[J]. Advances in Water Resources 2011,34:829-843.

[209] Kravchenko A G，Moin P. Numerical studies of flow over a circular cylinder at ReD=3900[J]. Physics of Fluids，2000，12(2):403-417.

[210] Franke J，Frank W. Large eddy simulation of the flow past a circular cylinder at ReD =3900[J]. Journal of Wind Engineering & Industrial Aerodynamics，2002，90(10):1191-1206.

[211] Sidebottom W，Ooi A，Jones D. Large eddy simulation of flow past a circular cylinder at Reynolds number 3900 [C]. 18th Australasian Fluid Mechanics Conference，2012.

[212] Vreman A W，Kuerten J G M. Comparison of direct numerical simulation databases of turbulent channel flow at $Re_\tau$=180[J]. Physics of Fluids，2014，26(1):133-166.

[213] Rijn，L. C. V. Sediment transport，part ii: suspended load transport. Journal of Hydraulic Engineering，1984,110(10): 1613-1641.

[214] Zhang H，Hu C，Wu S. Numerical simulation of the internal wave propagation in continuously density-stratified ocean [J]. Journal of Hydrodynamics，2014，26 (5): 770-779.

[215] Cheng M H，Hsu R C，Chen C Y. Laboratory experiments on waveform inversion of an internal solitary wave over a slope-shelf [J]. Environmental Fluid Mechanics，2011, 11 (4): 353-384.

[216] 徐振山,陈永平,张长宽. 波流环境中垂向圆管射流三维运动和稀释过程模拟[J]. 水科学进展，2017,(02):108-118.

[217] Chen Y. Three-dimensional modelling of vertical jets in random waves [D]. The Hong Kong Polytechnic University，2006.

[218] New T H, Lim T T, Luo S C. Effects of jet velocity profiles on a round jet incross-flow[J]. Experiments in Fluids, 2006, 40(6): 859-875.

[219] Meftah M B, De Serio F, Malcangio D, et al. Experimental study of a vertical jet in a vegetated crossflow[J]. Journal of environmental management, 2015, 164: 19-31.

[220] Wang L L, Xu J, Wang Y, et al. Reduction of internal-solitary-wave-induced forces on a circular cylinder with a splitter plate[J]. Journal of Fluids and Structures, 2018, 83:119-132.

[221] Boegman L, Ivey G N, Imberger J. The degeneration of internal waves in lakes with sloping topography[J]. Limnology and Oceanography, 2005, 50(5):1620-1637.

[222] Aghsaee P, Boegman L, Lamb K G. Breaking of shoaling internal solitary waves[J]. Journal of Fluid Mechanics, 2010, 659:289-317.

[223] Bourgault D, Morsilli M, Richards C, et al. Sediment resuspension and nepheloid layers induced by long internal solitary waves shoaling orthogonally on uniform slopes[J]. Continental Shelf Research, 2014, 72:21-33.

[224] Jin Xu, Jihong Xia, Lingling Wang, et al. An improved Eulerian method in three-dimensional direct numerical simulation on the local scour around a cylinder[J]. Applied Mathematical Modelling, 2022, 110:320-337.

[225] Aghsaee P, Boegman L. Experimental investigation of sediment resuspension beneathinternal solitary waves of depression [J]. Journal of Geophysical Research: Oceans, 2015, 120(5): 3301-3314.